中国式家风

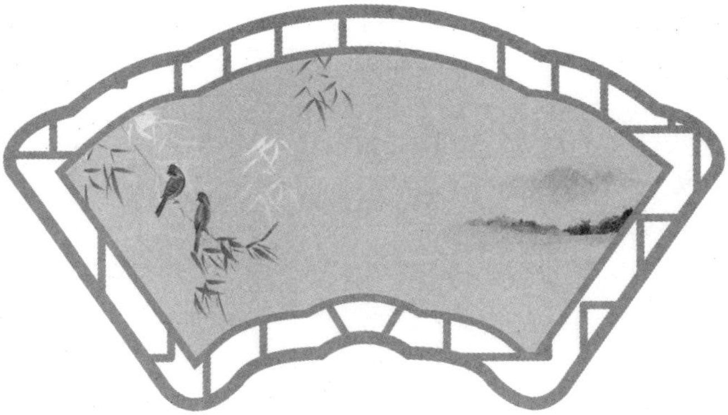

曾仕强 著

北京时代华文书局

图书在版编目（CIP）数据

中国式家风 / 曾仕强著 .—北京：北京时代华文书局，2020. 3
ISBN 978-7-5699-3577-6

Ⅰ. ①中… Ⅱ. ①曾… Ⅲ. ①家庭道德—研究—中国 Ⅳ. ① B823. 1

中国版本图书馆 CIP 数据核字（2020）第 033334 号

中国式家风

ZHONGGUO SHI JIAFENG

著　　者 | 曾仕强

出 版 人 | 陈　涛
选题策划 | 周　军　陈　盼
责任编辑 | 周连杰
装帧设计 | 赵胜军
责任印制 | 刘　银

出版发行 | 北京时代华文书局　http://www.bjsdsj.com.cn
北京市东城区安定门外大街 136 号皇城国际大厦 A 座 8 楼
邮编：100011　电话：010-64267955　64267677
印　　刷 | 天津格美印务有限公司　电话：010-69290834
开　　本 | 710mm×1000mm　1/16　印　　张 | 13　字　　数 | 200 千字
版　　次 | 2020 年 7 月第 1 版　印　　次 | 2020 年 7 月第 1 次印刷
书　　号 | ISBN 978-7-5699-3577-6
定　　价 | 49. 80 元

读者购书、书店添货或发现印刷装订问题，请与曾仕强教授官网良心网联系、调换。
电话：010-69292472
盗版举报电话：010-69290834

目 录

第一集　为何要重建中国式家风

——孩子犯错父母挨骂

家风

- 门当户对指的是两家的家风很接近。
- 社会人群最小的单位是家庭。
- 在道德方面，妈妈是孩子的第一个学习对象，其次就是爸爸。
- 家风是值得信任的。
- 家庭是负责道德的，学校是负责知识的。
- 家风在中国社会，是至关重要的传家宝。
- 家风说简单一点儿，就是规矩。

中华文明，是世界四大古文明中，唯一传承至今的古文明。几千年来，中华文明是以家庭为背景，以代代相传的方式，传承下来的。所以，在中国传统文化中，家风是非常重要的。但是在现代社会中，家庭观念渐渐淡泊，家风似乎也被人们遗忘了。那么，家风是怎样形成的？家风对于社会发展，对于每个人的生活，有着怎样的影响？现在，我们又为什么需要重建家风呢？

第一集　为何要重建中国式家风
——孩子犯错父母挨骂

到底什么叫作家风？我们中国人经常很自豪地告诉人家，这是我们家的传家宝。传家宝是什么？多半是宝物，稀世珍宝，可是，那个是比不上家风的。我们也常常听到很多人说，这是我们家的宝贝，宝贝是什么？多半指的是很可爱的小孩子，那是宝贝，但是也不如家风。家风用现在的话来讲，叫作软件，叫作软实力。可见，中国人对于看不见的东西格外重视。**家风就是一个家庭，一个家族，不断传承下来的那种很难用语言说得清楚的东西，可以说是一种风气。**

我们经常说要门当户对，但是我们常常理解错了，以为只要两家财富及社会地位相当，都有多大的官，都有多少钱，就叫门当户对。其实不然。**门当户对指的是两家的家风很接近**。因为我们的错误认知，常常使得我们对以前的一些传统的东西很怀疑。这些东西是不是过时了？是不是有点儿迂腐？是不是现在不管用了？这一点是我们要特别小心的。家风中的这个家，是全世界每一个人都有的。但是每一个人想到家，所想到的东西都是不一样的。就好像现在的人一想到汽车，脑子里所浮现出来的汽车款型几乎都是不一样的。大家可以看到，西方人的家，只是孩子们十八岁以前，所依托的一个成长的场所。因为他们多半在十八岁以后就要离开家，而且从此跟家人的关系会发生很大改变。

追根溯源

中国古代谈婚论嫁，特别讲究“门当户对”。那么何为“门当”，何又为“户对”呢？“门当”指大门前的石鼓，有圆形和方形之分，圆形代表战鼓，主人为武官；方形代表书箱，主人为文官。“户对”指位于门楣上方的圆柱形木雕，一般都是双数，有二、四、十二之分。五至七品官员两个，四品以上官员四个，十二个仅限亲王以上的大户才能用。

我们中国人完全不是这样的，我们的家是一辈子的，我们跟家人的关系一辈子都不会改变。于是很多外国人说，中国人完全长不大。我们本来就不需要长大，只要有父母在，我们长大干吗呢？这是《易经》给我们的一个很明显的启示。**社会人群最小的单位是家庭**，而不是西方人所说的个人。所以，为什么孩子在外面说错话，做错事，我们不会骂他，我们只骂他的父母。很多人不以为然，认为孩子做错事，为何要骂他的父母呢？因为中国人对家庭的看法跟西方人是不一样的。孩子是谁教的？父母教的，我们不能把责任都推给老师，老师的责任是在孩子六岁以后，而且他所教的也只是知识而已。家庭是负责道德的，学校是负责知识的。所以，我们骂人，都骂“他妈的”。骂“他妈的”，就是说他妈妈的教养不好，才有这样的小孩。

所以，我们又误会了“易子而教”。我们往往以为，“易子而教”就是我家孩子我教不了，你去教吧。其实不是这样的。“易子而教”是指知识方面，而不是指道德方面。**在道德方面，妈妈是孩子的第一个学习对象，其次就是爸爸**。所以，父母跟孩子一辈子的道德成长，绝对是密不可分的。换而言之，孩子在外面并不代表他个人，他代表的是他的家庭，甚至代表整个家族。所以，孩子在外面说错话，做错事，该骂的是父母。

这样，我们又会觉得，做父母好辛苦啊。的确是，所以在中华文化里面只有《孝经》，没有《慈经》。因为父母很辛苦，所以孩子不能去挑剔父母。你怎么给我吃这么差劲的饭菜？你怎么给我穿这么难看的衣服？你怎么这么穷？你怎么这么丑？不可以。现在很多人，动不动就批评人家是怎么当父母的，真是愧对圣贤！我希望大家可以真的正本清源，对我们中华文化做一个了解，之后你若还要批评，我会尊重你的意见。

典型案例

俗话说：“儿不嫌母丑，狗不嫌家贫。”但是，时下，孩子嫌弃父母的事情却时有发生。张女士的女儿琳琳今年上小学五年级，一次学校开家长会，琳琳点名要爸爸去参加，张女士觉得很奇怪，就问女儿："以前都是妈妈去，这次为什么一定要爸爸去呢？"琳琳的回答让林女士目瞪口呆。"妈妈，你太胖了，别人会因此笑话我的。"

家风在中国社会，是至关重要的传家宝。因此，**我们要给家风取个名字，叫中国式家风**。为什么呢？

因为中国人所求的，就是长治久安。一个家庭如果一阵子好，一阵子坏，还要家风干什么？家风这个风气很不容易形成，所以一旦形成，我们就要让它长长久久。这方面，也可以让我们突然间醒悟，为什么世界上所有的古文明，只有我们可以绵延不绝，就是因为跟家风有密切的关系。

世界历史上有四大古文明：古巴比伦文明、古埃及文明、古印度文明和古中华文明。而这四大古文明中，只有中华文明延续至今，其他三个古文明，都湮灭在历史的长河之中了。中华文明能够传承下来，有着众多的原因，其中一个重要的原因，就是中国独有的"家风"。那么这个"家风"，究竟是怎样形成的呢？

我们首先来想一个问题：**为什么要研究家风**？不能说因为它很重要，所以我们就去研究它。最起码有三点值得我们提出来。

第一点，家风是一点一滴累积而成的。我们有父子，有夫妇，有兄弟，有朋友，有君臣，难道其他国家没有吗？当然有，伦理是全世界都有的。那我们这些有什么稀奇呢？可见，我们平常又说错了，我们的特色，不是伦理，而是伦常。那这个伦常，怎么让每一代人，每一个家里面的人，都合理地参与？我们在参与前面，特别加上两个字，叫“合理”。我们中国人在家里不会吵吵闹闹，不像西方人，一开会就是拍桌子，就是大声吵，搞得人家不知道你在干什么。这叫参与吗？

智慧拓展

“五伦”是中国传统社会基本的五种人伦关系，古人以君臣、父子、夫妇、兄弟、朋友为“五伦”。伦，人伦，就是人与人之间的道德关系。孟子认为：父子之间有骨肉之亲，君臣之间有礼义之道，夫妻之间挚爱而又内外有别，老少之间有尊卑之序，朋友之间有诚信之德，这是处理人与人之间关系的道理和行为准则。

我们每一个人心里都要很清楚，你怎样合理地参与，才能够使家庭有一个良好的风气。良好的风气，是值得我们世世代代小心翼翼地加以呵护、加以发扬光大的，这才叫家风。

那要怎样才能做得到呢？这点也是西方人非常困惑的。西方人很重视道德，而不是不重视。我们千万不要说中国人怎样，搞得西方人不能接受，因为我们平常讲的都没有讲到能够让他们心悦诚服的地步，那样反而害了我们的祖先，害了我们的圣贤。

当然，我们讲过，全世界都有伦理，只不过我们有伦常，他们没有。全世界的人都重视道德，西方人把道德交给宗教，他们由上帝来管，我们不是，**我们的道德是由家庭来负责**。这是**第二点**。孩子的品德，在外面的言行表现，不要推给社会，不要推给学校，家长有逃不掉的责任，所以为什么家长的责任那么重大。

因此，我们就想到，孔子有一句话，叫作“反求诸已”。任何事情，不怨天，不尤人。“怨天”是说你怨天，老天根本不理你；“尤人”是你把责任推给学校，推给社会，也无济于事。你必须要反求诸已。我们家出了什么问题？为什么家风这么差？你要不断地反思自己，家庭才有复兴的希望。

历史典故

相传四千多年前，正是历史上的夏朝，当时的君王就是赫赫有名的大禹。有一次，诸侯有扈氏起兵入侵，夏禹派伯启前去迎击，结果伯启战败。部下们很不甘心，一致要求再打一次仗。伯启说:“不必再战了。我的兵马、地盘都不小，结果反倒吃了败仗，可见这是我的德行比他差，所以我得先检讨我自己，努力改正自己的毛病才行。”从此，伯启发奋图强，每天天刚亮就起来工作，生活简朴，爱民如子，尊重有品德的人。这样经过了一年，有扈氏知道后，不但不敢来侵犯，反而心甘情愿地降服归顺了。

这个典故告诉我们：无论做什么事，都应该先要求自己，找出自己的缺点，努力加以改正。只有抱持这种态度，才能够把事情做好。

能够这么做的人，我们就说他能“反求诸己”。

第三点，我们最起码要了解，为什么孔子主张：父亲在，你要**照父亲的方式去行事**；父亲往生以后，你不要马上去改它。其实这个事情，也是很多人一辈子都很难去体会的。我们中国人说：“知子莫若父”，从来没有人说“知父莫若子”。

我六十岁的时候，我爸爸八十岁，那年我就非常清楚地知道，我这一辈子怎么也赶不上我爸爸。为什么？因为他永远大我二十岁。我爸爸是二十岁生的我，所以我一岁，他二十一岁；我两岁，他就二十二岁。他永远大我二十岁。我一生当中所缺的，就是我爸爸领先我的那二十岁。因此，我这个做儿子的，怎么能完全了解我爸爸呢？可是我爸爸倒过来看，我所经历的他都经历过，所以他能完全了解我的想法。

很多人认为我们有父权，我觉得他们应该好好调整下自己的这种想法。其实没有什么父权。父亲之所以非常了解自己的孩子，是因为他知道这是他当年的心境，这是他当年的历程，他后来怎么改才会有今天，这些他都非常清楚。可是做孩子的，你就是去过两次美国，你就是在全世界跑了一圈，你就是觉得自己比爸爸有见识，那都是贻笑大方。

我有位长辈，他从来没出国留过学。有一次我问他：“您要不要趁现在还很硬朗，出去走一走？”他说：“不要。我出国干什么呢？无非就是看山看水。这些东西全世界都一样。而且现在电视那么方便，又有山，又有水，我早就看完了。”我当时觉得，我还是不如他，因为我还是在有形的层面里转，可他已经到了无形的境界。我们要很冷静地去体会，才能够了解中国的道统不是那么简单的。

家风是谁最先倡导的？这是我们慢慢要去了解的。因为，如果这点你不能够了解清楚的话，你讲了半天，都是教条，大家听听就算了。若它不能内化成为大家内心真正需要的东西，那便是毫无用处的。

家风在中国传统社会源远流长，但是在现代社会中，人们更加强调自我，家庭观念越来越淡泊，甚至有的年轻人对父母说："你们当初生我的时候，又没跟我商量，现在不要来管我。"那么，我们出生在某个家庭里，真的是一个偶然吗？

家是我们选择的，不像一些人所说的，是父母把我们随随便便生下来的。反过来想，假如父母真的随随便便把我们生下来，我们还要孝敬他们吗？有这个必要吗？为什么我们那么重视孝，就是因为我们的祖先已经知道，我们是选好父母，然后才来投胎的。既然父母是你自己选的，你就应该尊敬他们，就应该孝敬他们，这样你才能了解为什么"子不嫌母丑"。妈妈长得再难看，你是她儿子，你是她女儿，你也不能嫌弃她。

我们做学问，总是花很多时间在考据上面，如训诂学。这次我们讲家风不这样做，因为真的假的其实谁也不知道，它随时都在变，真的变假的，假的变真的。突然间你有个新的证据出来，就把之前那个推翻了。所以一辈子考据这个东西，真的划不来。

智慧拓展

训诂学顾名思义，通俗的解释词义叫“训”，用当代的话解释古代的语言叫“诂”。训诂学是中国传统研究古书词义的学科，是中国传统的语文学——小学的一个分支。训诂学从语言的角度研究古代文献，帮助人们阅读古典文献。其主要根据文字的形体与声音，解释文字意义，偏重于研究古代的词义，尤其着重于研究汉魏以前古书中的词义、语法、修辞等语文现象。

我们这次讲**家风用新的标准，而且只有三个标准**，简单明了，每个人都可以自己去检验。**第一，合理**。我们说“家庭是我们终生不可脱离的”，这种观念跟西方那种“我的家庭是我十八岁以前居住的地方，十八岁以后我要尽快离开这里”，哪个更合理？**第二，安全**。我六十岁的时候回家，我爸爸并没有把我当成六十岁的人，他还是把我当作小孩儿看。我也没有什么不好的感觉，反而觉得很舒服，因为人家到了六十岁已经没有爸爸了，我还有爸爸，我的内心感到很温暖。所以，很多人总是说中国人要长大、要独立，我不以为然。**第三，方便**。这就是我们中国人家风的三大标准，我觉得这个标准永远也不会过时。

家风是从哪里开始的？我们不要去做考据，追溯到伏羲、黄帝等生活的时代就太费神了。我们就简单明了，**家风是从夫妇开始的**。为什么不是从父子开始的呢？因为有夫妇，然后才有父子；有父子，然后才有君臣；有君臣才有兄弟；最后才有朋友。古人会这样讲，一定有他的道理。

夫妇是家庭建立的开始。传说当中的伏羲跟女娲的故事，是不是真的？不知道。但是迄今为止，男女一成家，他们就开始要生小孩儿。然后慢慢地，人口增多，家庭就必须要有个家风。**家风说简单一点儿，就是规矩**。我们家的规矩，就是这样，要不然我为什么要当家长呢？这个不是霸道，也不是专制，这是负责任的表现。

今天的家长如果有责任感的话，就立个规矩。定规矩时，全家都要参与其中，要经过大家的互动。如果大家都觉得合理、安全、方便的话，就把这个规矩一代一代地传下去，这便是家风。而不要炫耀自己有多少财富，家里有多少人当过大官，家里的小孩儿有多可爱，把希望都寄托在这些东西身上。大家只要一比就知道，这些东西虽然样样都重要，但是家风最珍贵。

今天我们的问题，不是社会不好造成的，也不是因为学校不好，而是家里已经没有规矩了。全世界的人都很羡慕我们，觉得你们中国人，怎么在短短三十年里，就能够把一个国家治理到这样的地步？这放在别的国家是很难做到的。但是，全世界的人对我们也有一个共同的期待，就是希望我们中国富强以后，能够多分一点儿心力来提高中国人的素质，因为中国人很快就会走遍全世界。到时全世界的人都会看到我们，他们会感觉到，中国人果然值得他们模仿，果然值得他们学习，果然值得他们去欢迎，他们很乐意跟我们在一起，这才是大家都乐于看到的事情。

第一集　为何要重建中国式家风

——孩子犯错父母挨骂

中国在改革开放之后，经济迅猛发展，中国人的生活也富裕起来了，许多人已经有条件到全世界去旅游。但是，有些中国游客却显示出了没有“教养”的言行，极大地破坏了中国人的形象。中国曾是一个文明古国、礼仪之邦，我们现在怎样才能恢复曾经的文明，提高国民的素质呢？

要做到这一点，就必须从每一家庭的家风开始振兴。因此，我们这次提出三个观念，给大家做一个参考。

第一，人生在世，不是为了争权夺利，不是为了权利义务，我们**要善尽自己的责任**。丈夫有丈夫的责任，妻子有妻子的责任，儿子有儿子的责任，女儿有女儿的责任。在共同努力之下，先给自己的家庭立个规矩，使邻居都非常欢迎我们。将来走出去，才能使每一个人都能够代表这个家庭，都可以做人家的榜样。若可以做到这些，我们就完全可以达到古圣先贤对我们后代子孙的期望。我们这一辈子，就非常荣幸，因为可以把古圣先贤的理想实现，这是我们每一个人都很想做到的事情。

我们今天最缺乏的就是信任。说明书不敢相信，保证书不敢相信……什么都不敢相信。大家应该知道，**家风是值得信任的**。我们中国人最喜欢打听。儿子交了个女朋友，做爸爸的一定想办法去打听女孩家庭怎么样。我们要升迁一个人当高阶层的干部，一定会派人去打听他们家给人家的观感怎么样。家风不容易作假，家风不容易欺骗，它实实在在地代表这一家人的“气质”。气是看不见的，质是看得见的。可见，**我们做任何事情，都离不开一阴一阳，因为阴阳永远是不**

分的。

家风让我们真正地把中华文化落实在每一个家庭中，让每一个人真正地把它表现出来。我们家人之间因为有亲情，所以很容易说“你这样做不太好，你要改一改”。从种种事实，我们可以了解到，家真是一个最能够具体落实中华文化的单位。但我们不是没有个人。大家不要看到这里就说“中国没有个人，好可怜”，不是这样的。我们是每一个人都在家里面做好培训，有家人全力的支持，我们才可以很好地提升自己。

第二，中国人最大的美德是成全。我成全你，你成全我，只有家人才做得到，因为家人之间有这么密切的关系，有这么浓厚的亲情，所以我们先从家人之间做起。我们把所有中华的美德，在我们的家里，不分老幼，不分男女，通通发扬出来，这样一家一家，很快就变成一个社区，然后一个省，最后是整个国家。

我们不要老是感慨：“以前的理想很好，只是做不到。”怎么会做不到呢？孔子说：“仁乎远哉？我欲仁，斯仁至矣！”中国人所有的事情都是你想不想做而已，你想做，马上就可以做。我们从此要先记住自己的责任，再弘扬中华文化时就不会忘记。

智慧拓展

“仁乎远哉？我欲仁，斯仁至矣”出自《论语·述天第七》，意思是：仁德离我们很远吗？我想求仁德，仁德也就来了！孔子认为仁是人的本性，也就是人性。他直接指出仁不会远离我们，只要我们有心求仁，仁就出现了，随时可以获得。换句话说，我们对于仁，是做得了主的，可见仁就在我们的心里，随时可以拿出来应用。“仁”十分可贵，而且不难做到。养成每日反省的习惯，想想自己有什么不合乎仁的要求，逐一列举出来，设法加以改善，促使自己减少不仁，而增加仁的表现。只要有决心，人人都做得到。

第三，不要管别人，只管自己。我们不要管别人如何，只问自己要不要。你若要去做，就做，做了有没有成效，以后再说。因为这样的心情，其实是最没有阻碍的，也是最容易成功的。

第二集　什么是中国式家风

——家风就是马马虎虎不马虎

中国式

·家风是一个家庭或者一个家族的风气，每个家庭或家族的家风都多多少少有点儿不一样。

·中华民族是一个大家庭。

·我们做任何事情，一定要先有个清楚的认识，这样才有办法去选择、分辨，才会在心里有所感应。

·人人想做都可以做，这是中华文化最大的特色。

·家风里面有一个很重要的关卡，就是你的金钱观念。

·我们的家风，总结起来就是：马马虎虎，不马虎；随随便便，不随便；糊里糊涂，不糊涂。

中国有句俗话：三岁看大，六岁看老。可见，家庭教育对一个人的影响是非常重要的。而家风，正是家庭教育的重要基础。但是在西风渐进的现代社会，我们如何正确认知中国传统家风的重要性？家风最重要的基础是什么？我们应该怎样做，才能真正重振家风呢？

第二集　什么是中国式家风
——家风就是马马虎虎不马虎

家风是一个家庭或者一个家族的风气，每个家庭或家族的家风都多多少少有点儿不一样。大家有没有注意到，我说这句话的时候，刻意避开“一样”或者“不一样”，只说“多多少少有点儿不一样”。这是关键。因为现在的人，要么说一样，要么就说不一样，其实，这都是不存在的。你要求每个家庭都一样，做不到的，也不必要；你说每个家庭都不一样，那根本不可能，因为大部分家庭都是一样的。

我们今天动不动就说“社会是多元的”，其实对于这句话我们要格外小心。社会能多元到哪里去呢？你能不吃饭吗？你能不上班吗？**多元离不开一元，一元离不开多元**。换句话说，我们做的所有事情，其实用四个字就可以总结，叫作**大同小异**。所以，家风是大同小异的，而且同的地方比较多，不同的地方比较少。因此，**我们可以有个大模块，叫中国式家风**。在中国式家风这个大模块里面，每一个家庭根据各自特殊的状况，做出一些调整，就成了每个家庭独有的家风。这是非常自然的现象。

为什么“安”对中国人来讲这么重要？因为“安”是每一个人最基本的要求。西方人说“OK”，中国人说“安”，这个“安”就相当于西方人所讲的“OK”，意思是说你不要担心了，没有问题了，可以过得去了。我们平常所讲的话，比如一路平安、合家安好、国泰民安、平安是福，几乎都离不开“安”字。我们写信给父母，最后也会写上“祝双亲大人安康”，也是要“安”。

安是我们最基本的、每一个人都离不开的要求。当你开始不安的时候，再有钱也没有用；当你开始不安的时候，会觉得到处都充满危险。所以，安，家家户户都离不开。

那什么是安呢？现在的中国人，其实都在学西方，见面就说“早安”“午安”“晚安”。那其实是西方人的习惯，中国人是不分早、中、晚的。中国人一天到晚都要安。我们总想把西方这些变成风气，到最后却发现，这些其实是行不通的，因为这些跟我们心里的感觉是相抵触的。中国人不可以说“你好”，不可以说“我好”，只能说“大家好”。中国人不要说“早安”，也不要说“晚安”，因为其实西方人讲“早安”“晚安”是分得很清楚的，可中国人讲“早安”“晚安”却不知道自己讲的是什么意思。

追根溯源

在晚上睡觉之前，很多人都习惯道一声“晚安”。可你是否知道，“晚安”其实是西方文化传播的东西。

“晚安”最早见于欧洲，起源于希腊神话。传说在天神宙斯的世界里，“晚安（good-evening）”是一位善良、可爱的小天使，她没有父母的关爱，没有出神入化的魔法，没有倾国倾城的美貌，甚至，在她小小的天空下，没有一个可以依靠、可以信赖的朋友。她总是一个人，慢慢地从天边飞来，又慢慢地从每个人身边飞走，脸上总是带着淡淡的微笑，充满了温柔、恬静、宽容。她总是几万年如一日地，毫无保留地，把祝福送给每一个人。所以每当夜幕降临，人们都会向着天空说一声：“晚安（good-evening）。”

中国人就说“大家好”就好了。“大家好”的意思是大家安好。因为我们要的是长长久久的安。这个“长”，可以是“长久”的“长”，也可以是“经常”的“常”，这两个字是同音。没有经常，怎么会长久呢？要长久怎么可以脱离经常的规矩？所以“长安”这两个字，永远是我们内心共同的需求，我把它作为共同模块的代名词，我想大家一定也乐意接受。当然，你若说我不用“中国式家风”，我用“华夏家风”，也可以。但是你要注意，华夏的这个“夏”，并非“夏、商、周”的“夏”。很多人说，我知道“夏”，夏禹建立的那个朝代就叫“夏”。这种理解太偏窄了，华夏代表的是整个中华民族，而不只是那个朝代。

因此，我们讲到中国式家风的时候，必须要有几个基本的认识。

中华民族是一个大家庭。我们常常说，我们都是黄帝的子孙。可是，如果你问今天的年轻人，你为什么是黄帝的子孙，他会怎么回答？遇见那种比较坦白的人，他会告诉你，我不知道，反正书本上是这样写的。书本上写的你就要相信吗？还有些五六十岁的人更“妙”，他们竟然会告诉你，有没有黄帝这个人我都很怀疑。

黄帝为什么是我们共同的祖先？用“共同”这两个字，就表示我们不是他生的。如果是他生的，能够用“共同的祖先”吗？黄帝不可能生十三亿人啊。可见，我们是黄帝的子孙，并不代表我们血统相同，也不代表我们语言、文字、风俗、习惯相同。

如果你认同中华文化，你就是黄帝的子孙；如果你不认同，那你就不是黄帝的子孙。我们以前用两个名词来代表这两种人：一种叫华夏，一种叫夷狄。没有歧视的意思，只是区别而已。我们也没有要求你一定要认同中华文化，只是说如果你认同的话，你就是华夏的同胞，不管你是什么血统，不管你说什么语言，不管你的风俗习惯是什么，更不管你是什么国籍。所以，我们可以讲“四海之内皆兄弟也”，全世界都有中国人。这不夸张，也不勉强。因此，**我们做任何事情，一定要先有个清楚的认识，这样才有办法去选择、分辨，才会在心里有所感应**。

我们中华民族从很早以前，就打破了属地主义和属人主义。你是在哪里出生的？你爸爸是哪里人？我们都不作为依据。我们采用的是最先进的观念——**文化认同**。因此，我们的家风是：如果你认为自己是中国人，那就必须要认同中华文化。我想这是不能改变的。

智慧拓展

属地主义，又称领土主义，即法律适用于该国管辖地区的所有人，不论是否是本国公民，都受法律约束和法律保护；本国公民不在本国，则不受本国法律的约束和保护。

属人主义，又称国民主义，即法律对具有本国国籍的公民和在本国登记注册的法人适用，而不论他们在本国领域内或者本国领域外。非本国公民即使身在该国领域内也不适用该国法律。

中国人的标准是什么？不是居住区域，不是头发、皮肤的颜色，而是文化的认同。有许多华侨虽然移居海外多年，却仍然保留着对中国文化的认同，仍然自称是中国人。但是，为什么也有一些人认为，中国文化是落后的，西方文化更先进呢？

但是很可惜，现在有很多人，特别是那些自认为自己很有钱的人，他们把自己的家布置得跟西方一样，把自己的子女培育得跟西方人一样。尤其在结婚的时候，结婚照拍出来，如果不是彩色的，你根本看不出他是中国人。当然，中国近四百年来很不争气，让我们的民族自信心十分低落，但是也不至于低落到这个地步吧？这也是我们为什么要把中国式家风在这个时候郑重地提出来的主要原因。

我们生为中国人，死为中国鬼。这一点我们一直不应该忘记。不能因为我们有钱了，心里就没有祖国了。外国人讲商人无祖国，那是他们的事情。我们不管你是士农工商，不管你在什么职位，都是有祖国的。有人说，我们不是要世界大同吗？当然要世界大同，但世界大同不能没有国家。其实我们今天心平气和地研究一下就会发现：**我们中国人就是太早有了世界观念，所以我们的国家观念才会很淡薄**。大家不要相信一些人说的，我们太过民主或情绪太高涨什么的，不是那样的。你要真正冷静下来好好想一想。**我们现在最需要的就是为中华文化尽一分力量，我们要珍惜中华文化，这是祖先留给我们的宝贵财富**。

至于怎么做，我们会一步一步把它说清楚。我现在先问几个问题：假若你认同中华文化，你认同里面的什么东西？中国式家风是否有它的核心价值？它的核心价值到底在哪里？其实这说起来是非常简单的。从黄帝开始，我们就没有断过。黄帝是被推举出来的，不是选举，他是被推举成为当时天下的共主的。他被推举出来以后，就感觉自己身上的责任很重大，于是他想：我要把这个天下治理好。可是怎么才能治理好呢？唯一的办法就是遍访名师，他要找到老师给他指点。于是，他找了好几十位老师，可没有一个满意的。最后他找到了广成子，广成子告诉他，你要把天下治理好，按照四个字去做就行了。这四个字最后成为我们中华民族，我们这个华夏大家庭，共同的核心价值，叫作**道政合一**。

历史典故

轩辕黄帝听说远古仙人广成子住在崆峒山上，于是不顾路途遥远，前去拜师问道。黄帝在四十来岁时第一次去崆峒山求见广成子，这时他已做了二十多年的天子，于是不免摆起了国君的架子。广成子现身于半空云端中，寓意深长地对黄帝说："治理天下者，没有见积云就想下雨，没有到秋天就想草木黄落，哪里能谈至道呢？"说毕，广成子隐入云霞之中。黄帝无功而归。黄帝反思广成子的话，回去后选贤任能，励精图治，做出了一番伟业。

又过了大约六十年的时间，黄帝再次上崆峒山拜师问道。这次黄帝是单独一人。这时的黄帝已学会了谦恭。黄帝在路上遇到了一位长者——仙人赤松子，赤松子指点黄帝说："仙凡本无界，只在心上分；不惜膝行苦，一诚百道通。"一路上，黄帝不断思索这四句话，终于恍然大悟，决心以膝代步，爬上崆峒山。广成子早知黄帝又来求道。黄帝的心诚、志坚感动了广成子。当黄帝膝行到崆峒山下时，广成子立即派出金龙把他接上山去。之后，广成子便传道于黄帝。黄帝回去后，依广成子所教之道，静修养身。在一百二十岁时，乘龙白日升天。

我们没有宗教，我们只有道，道跟政治是合一的。道是什么？道有可以说的，有不能说的，有很难说的，它很复杂。可是我们现在不要讲得那么复杂，我们用三个字来代表它就可以了，叫**凭良心**。任何一个人，只要凭良心，那个道就出现了。道永远在我们心中，只是我们不去注意它而已。

什么叫作政？政用现在话说就是政治。为什么政治那么重要？中华民族永远是政治挂帅的。因为只要你政治亲民，其他事情都很好办；只要政治一腐败，其他事情都跟着倒霉。这条规律自古以来都被证明得很清楚，我们不必避讳。政治是什么？政治就是为人民服务。有些人认为那是当官的事情。那是清朝以前。清朝以后，我们各行各业就都是衙门了。其实，公司一大就容易衙门化。有时候小老板也很官僚。这不是什么坏事情，我们就是让每一个人，只要愿意，都可以为人民服务。而实际上，不管你从事什么行业，都必须为人民服务。所以，不要再分什么制造业、服务业，这种划分是没有意义的。任何一种行业发展到最后，一定是进入服务业，非服务不可。

道政合一，用现在的话来讲，就是凭良心为人民服务。各位想想看，如果每一个人，在不同的行业，在不同的职位，都有颗共同的心，那就是真正地凭良心来为社会人群服务。如果这样，还会有黑心食品吗？会有公害的东西吗？会有环境污染吗？社会秩序会混乱吗？有些人会无缘无故地跑出去，搞得人家都不安宁吗？应该不会吧。道政合一比法律的效力要大得多。我们现在是有法律，可是全世界都动乱不安。因此，我们每一个家庭，都要把我们的核心价值放在这里，爸爸妈妈要做孩子的榜样，无私地奉献，全心全意为自己的家人，为邻居，然后为外面的人。孩子从小眼睛所看到的，耳朵所听到的，都是道政合一，虽然他不懂这四个字的含义，但是那些点点滴滴，他都能感觉得出来。那长大以后，你还会对他不放心吗？他会为非作歹吗？他会在社会上变成捣乱分子吗？不会的。

中国传统文化提倡：修身、齐家、治国、平天下。无论你有多么远大的理想，你都要从自身做起，从一个家庭做起。所以家庭，是一个人发展的基础。那么，中国传统的家庭教育，是如何体现中华文化特色的呢？

人人想做都可以做，这是中华文化最大的特色。比如，尧，你想做尧，你就可以做尧；舜，你想做舜，你就可以做舜；孔子，你想做孔子，你就可以做孔子；老子，你想做老子，你就可以做老子；释迦牟尼佛，你想成佛，你就可以成佛。西方人没有这种机会。西方人的上帝永远是上帝，人再努力，一辈子也成不了上帝。所以，我所讲的都是你可以做的，没有一个是需要超越的，你拿这个做基础，然后再慢慢地往上发展，就成为**中华大道**。

中华大道听起来好像很复杂，实际上也就几个基本观念而已。第一，仁治。这个“仁”是仁爱的意思。**第二，理治**。“理”是道理的意思。**第三，圆通**。不是圆滑。可是大多数人一听到圆通，就会想到圆滑，这是长期以来的一种病态的想法。**我们要坚持，但是不能固执；我们要妥当，但绝不能欺骗**。若能把这几个观念让孩子从小不停地耳濡目染，就已经很好了，讲那么多大道理干吗呢？背那么多教条干什么呢？

我们所要做的就是**内方外圆**。里面一定要有原则。我们家的人就是不能做这种事情，你再怎么样威胁、利诱，我们都不为所动。但是外面有很多人，他们跟我们的想法不一定一样，所以我们要表现得圆通一点儿。圆通是什么意思？圆通就是我会慢慢地跟你磨合，而不是理直气壮地告诉你：这样不可以，我的家人就是跟你不一样。因为这样说的结果是不好的，人家是不会买你的账的。所以，我们要做的就是将这些圣贤给我们的真本事，在家里一层一层地提升。家长不要对孩子要求太高，慢慢地让他去感受，随着年龄的增长，他就会不断地提高自身的层次，就会很乐意做这家人，他出去后就会因是这家人而自豪。千万记住，**我们只讲自豪，从来不讲自傲**。

我们现在很不幸，我们都在说“我们以你为骄傲（We are proud of you）”。这种话不是中国话，是西方话。西方人可以“proud（骄傲）”，但中国人绝对不可以“proud（骄傲）”。“我们以你为骄傲”，这种话是不能讲的，因为骄者必败。**我们中国人可以自豪，但绝对不能骄傲**。

大家可以看到，我们国家有些运动员，得了奖就很得意。你是一名运动员，你的职责就是如此，为什么赢了个比赛就这样了呢？那就是没有素养，那就是家风不好。所以，一出去就丢脸。有这个必要吗？你谦虚一点儿，人家还佩服你。甚至还有个别运动员，一赢得比赛，就把赛场的东西给破坏掉，使得主办方用收回奖杯作为惩罚。这样的行为不只是丢自己的脸，丢父母的脸，更是丢中华民族的脸！

可见，家风不是说你想要就随时可以有的，如果从小没有打好基础，长大后你是控制不了自己的言行的。现在社会上很多怪现象的主人公，都是在小时候，家长没有给他们奠定守规矩的基础，才造成他们今天动不动就骂人，动不动就出手打人。最后都是父母蒙羞。尤其今天网络这么发达，大家随时都可以把你的行为发到网络上，又有很多人对此感兴趣，于是关注数一下就可以达到几十万的播放量。在这种时代背景下，我们更需要好好去体会家风的重要性。

俗话说：三岁看大，六岁看老。可见，家风对于一个人的品德、言行有着重要的影响。那么，家风最重要的基础是什么呢？

往更高层次谈，**我们的家风，其实就三句话**。我希望年纪稍微长一点儿的人，真的要花时间好好去想一想。这三句话是：**马马虎虎，不马虎；随随便便，不随便；糊里糊涂，不糊涂**。大家好好把这三句话想一想，就可以想通很多事情。现在大部分人，都是受西方的影响，把它们分得很清楚，认为阴就是阴，阳就是阳。其实这根本就不合事实。阴和阳是永远在一起的。一个人完全不马虎，可能吗？完全马虎，可以吗？该马虎的时候，一定要马虎；不该马虎的时候，绝对不能马虎。该严肃的时候，一本正经；该放松的时候，就放松一点儿。

当然，放松不是放纵。现在很多人是放纵。比如，在飞机上，穿得比在家里还随便，那是中国人吗？中国人外出就要有外出的样子。外出穿得比在家里还随便，这个人就是没有核心价值，没有中心思想，就是家风已经被败坏掉了。

我很感慨，现在走在街上，看到好些小孩儿都好像没有父母一样。很多人看到这里会马上反驳我：什么没有父母？现在的父母比以前有钱。的确如此，但就是因为有钱了，所以这些孩子就没有父母了。他们的父母照顾他们就跟照顾朋友一样，这样家风还能存在吗？

这样的人跑到国外，人家还能看得起我们中国人吗？还不如没有钱呢。所以，**家风里面有一个很重要的关卡，就是你的金钱观念**。金钱观念是要从小建立起来的。一个人如果一开始金钱观念就很模糊的话，他一辈子都会受苦受难的。

孔子告诉我们："吾道一以贯之。"**"吾道一以贯之"这句话用在家风上是最合适的**。这句话其实是说：一贯通我们的家风，一切都是"一"。所以家是由很多个"一"构成的。我们接下来就要把很多的"一"合起来形成一个大"一"。很多小"一"如果不能汇成一个大"一"，就表示它们彼此有矛盾、有冲突。那个不叫"一"，明显就是"二"了。

中国人对"二"都很害怕，有二心，很可恶。"一"，很纯洁，一心一意，一心一德。但要得到这个"一"很不容易。"一"是什么？**"一"就是道**。所以，**我们每一个人都要把道先弄清楚，然后把道在家里面打好基础，使我们的家风成为道所树立的一套规矩**。有这个概念的话，我们的家风就很容易重振了。

其实，在我们的历史当中，在我们的家族史里面，每一家都曾拥有很好的家风，只是一段时间后就败坏掉了。这也是我们要研讨的一个重点：是不是每家的家风都会起起伏伏？有没有办法使它平稳一点儿？是不是每一个家庭都是"富不过三代"？如果是的话，那就算了，反正一、二、三就结束了，一、二、三再来。我觉得应该不是这样的。"吾道一以贯之"，浓缩成四个字，就是以"一"贯之，用"一"来贯通一切。"一"，就是道。

所以，大家可以想一想：你们家的道在哪里？对于中国人来说，什么都是道。对待上司，有对待上司的道；对待下属，有对待下属的道；对待顾客，有对待顾客的道，叫作待客之道；当主人，有当主人之道。大家把所有的道好好想一想，然后把自己家里的道整理出来，很快就会收到用“一”来贯通你们家良好家风的一个非常好的效果。

第三集　重建家风的基础

——你在外代表的是你的家庭

家庭

·爱是不可能有差等的，爱只有爱跟不爱。但是，因为有先后、轻重、缓急之分，所以看起来有点儿不一样，实际上是一样的。

·“与时俱进”真正的意思是说：该进的时候要进，该退的时候还是要退。退是什么？就是改变方向继续前进。

·中国的进退，是没有固定方向的。因为时是变化的。

·成功是成功，失败还是成功。因为失败，你就多了一个经验，下次就可以避免类似的错误，就不会重蹈覆辙。

·不管做什么事情，不管多么艰难困苦，或者多么快乐、多么顺利，你都不要忘记修炼品德。

·每一个人在外，都代表一个家庭。

中华文明以家庭为单位，代代传承了几千年。如今经济飞速发展，科技日新月异，家风观念却日趋淡化。越来越多的社会问题及家庭问题，在不断地发出警示，重建良好的家风已迫在眉睫。曾仕强教授认为，重建家风需要三个基础条件：重伦常、知进退、不服输。这也是中国式家风的三个特色。为什么说这三个特色是重建家风的基础条件呢？

第三集　重建家风的基础

——你在外代表的是你的家庭

我们现在已经知道，家风是要长长久久的，使我们的家人，都能够获得平安快乐的生活。这当然是非常不容易的。因此，必须要按部就班、循序渐进，一步一步慢慢地把它建立起来。就是因为家风的建立非常不容易，所以我们不要轻易地去毁坏它。我们必须要把家风中最基础的东西找出来。**中国式家风到底有哪些特色**？我们简单地把它归纳成三点。

第一，重伦常。伦理是大家都有的，可是伦常可以说是中华民族的特色。为什么？因为我们自古以来，就非常重视“人之所以为人者”的基本道理。西方人一直认为人就是动物的一种。他们有一门学问就叫人类学，研究了半天，得出的结论是：人就是动物的一种，不要把自己抬得太高，否则就叫作“人类沙文主义”。

智慧拓展

“人类沙文主义”又称“人类中心论”，是不把人类看作生态系统中的一员，而是凌驾在大自然之上，以为可以任意摆布和主宰生态系统的观点。

在漫长的历史中，人类曾创造了各种各样的文明。然而，有些灿烂的古文明却很快地消逝了。其中，生态的恶化是使文明衰落的一个十分重要的因素，而造成生态恶化的就是以人为中心的“人类沙文主义”。人类具有主观能动性，但是主观能动性是要受到客观规律和客观条件的制约的，要想改造世界，就必须要尊重客观规律，从实际出发，按客观规律办事。而“人类沙文主义”只是片面地强调人的主观能动性，完全否定客观规律的作用，实质上就是一种唯心主义的观点，必然会遭到客观规律的惩罚。

可是，我们和他们的看法不同。我们自古以来就认为：人固然是动物的一种，但是，人应该扮演超越所有动物，可以照顾所有动物的，一种不一样的角色。所以，我们会有天人合一，我们会有天、地、人三才。这些说法是外国人比较不容易接受的。他们会认为你把自己的身份提得太高了，太高估自己了。但是，孟子、孔子、老子等古代圣贤，都曾致力于加强人的责任。

智慧拓展

三才指天、地、人。语出《易经·说卦》，原文是：“是以立天之道，曰阴与阳；立地之道，曰柔与刚；立人之道，曰仁与义；兼三才而两之，故《易》六画而成卦。”《易经》三画卦上面是天，下面是地，两个合起来是自然，当中一画是人位。天有阴阳，人有阴阳，地也有阴阳，这样一来，三画卦就变成了六画卦。天跟地是一体的，中国人说天就包括地在内，所以天、地、人三才后来就变成了天人合一，因为天地是不可分的，有天就有地，有地必定有天，于是后来干脆就叫天人合一。天发挥它的特性，地发挥它的特性，人则顶天立地，把天地的特性整合起来，使得宇宙越来越进化，这是人的责任。

人跟动物不一样。动物是依照本能行事，它没有责任。**人却不能完全依照本能行事，人必须要有责任。**

人与动物的区别

动　物	人
依照本能	不完全依照本能
没有责任	有责任

我举一个最简单的例子给大家参考。现在很多年轻男女，在大街上就拥抱、亲吻，大家认为这可不可以呢？有些人很自豪地说，我们中国人终于变开放了，终于敢有这样的行为了。其实，这跟敢不敢一点儿关系都没有。也有人说，中国人终于体会到这是很自然的行为，不必像以前那样做作、虚伪、拘泥，这种看法也不见得是正确的。其实，男女具有不同的性别，他们这种互相吸引的倾向，是本能。他们喜欢抱来抱去，喜欢亲吻，这是不用学就会的，没什么勇敢不勇敢的，这是他们的本能。

可是，中国人不会这样做的原因是什么呢？就是**我们已经把男女之间的关系，由动物性的本能提升到文化性的行为**。我想这一点，如果大家能深刻认识到的话，就会有很多的改变。我们人就是人，不是一般的动物。人的责任是要维护天地的环境，是要保护所有的动植物。但是，我们所讲的保护，不是现在一些人所讲的保护环境、保护动物，不是那么粗浅的看法。有些人因为不了解真相，不了解其中的道理，就说所有的通通都要保护，最后竟然到保护动物比保护自己的父母还重要的地步。

我们的伦常就是从这里来的。既然是人，你就不能完全按照动物性的本能去做事，就必须要有人类的文化，要遵守伦理的常规，不可以违反。比如，夫妇只有在卧室里面，才是夫妇。出了卧室，你们就不是夫妇了，你们要么是人家的爸爸、妈妈，要么是人家的儿子、女儿，要么是人家的兄弟、姐妹，要么是人家的朋友。所以，**男女之间的亲密关系只能在卧室里面，而不可以在卧室外面**。这是中国人非常严谨的一部分。这跟现代化，跟时尚，跟进步等完全没有关系。你要不要成为万物之灵的人，你自己选择。

典型案例

很多年轻人将哪里都当卧室，常常做出一些不尊重自己，也不尊重别人的举动。有一对年轻的夫妻到我家，两个人在一个沙发上贴得很紧，完全像抱在一起一样。我不方便跟太太说，就问先生："你是觉得我家的客厅太小了，还是怕有人把你的媳妇抢走？我这么大年纪了，抢你媳妇干什么？"下楼梯时，他们两个又紧紧地抱在一起，我说："她会摔跤吗？我一把年纪才会摔跤，你怎么不扶我却扶她？"

现在这种人很多，有的媳妇常常当着婆婆的面跟先生抱来抱去，先生下班回家赶紧上去嘘寒问暖，婆婆看到心里会舒服吗？她心里会想：儿子长大了我自己都不搂了，为什么你一天到晚搂着不放？回来要问候也是我先问候，怎么会轮到你呢？婆婆会这么想，是婆婆小心眼儿吗？当然不是。人有七情六欲的冲动，夫妻会有一些亲密的行为没有错，但是只有在卧室里面，只有夫妻单独的情况下，怎么传情、怎么亲密，才是两个人的事情。要做夫妻，回卧室去做，干吗非要当着婆婆的面呢？千万记住一句话：夫妻只有在卧室里面才是夫妻。中国人常讲一句话，人人要自重自爱。自己看重自己，别人自然尊重你；自己看不起自己，别人为什么要看得起你？夫妻要得到一家人的尊重，必须及时地调整自己的角色。到处都是夫妻行为的表现，就叫角色混淆。

自由是有限度的，是以不自由为基础的。每个人都有一部分不自由，大家才有相对的自由。想想看，一个房间只有一个人，窗子爱开就开，爱关就关，会有百分之百的自由。一旦有了两个人，你要关他偏要开，你要开他偏要关，自由马上就减少一半。来了第三个人，就只剩下三分之一的自由。只要有四个人，自由马上变四分之一了。自由不是没有限度的，媳妇在婆媳关系中要有所忍耐，要扮演好自己的角色，才会得到家人的尊重，才能有婚姻的空间。

作为万物之灵，人不应仅仅拥有动物性的本能，更要有责任感和廉耻心，恪守古圣先贤建立起来的做人规矩。人们常常讲：做事先做人。那么，究竟怎样做人，才算是合乎规矩？又有哪些规矩，是人们必须要遵守的？

为了配合“五伦”，我们有“五常”。曾经有一些人提出：“五常”不够，要“六常”“六伦”。可我看了几十年，没有一个成功的。为什么？因为“五”是符合自然规律的。我们一只手就只有五个手指头。中国人很喜欢用“五”，因为“五”的意思是：你可以充分掌握，可以控制得了。我们现在硬弄出个“六”，“五”都做不好，如何还能谈“六”呢？所以，我们只有“队伍”，从来没有“队六”。“队伍”我可以完全控制，“队六”就溜来溜去，就成一盘散沙了。我讲这个的意思是：我们要尊重古圣先贤。他们花了很多心思，才建立起来的东西，我们不要凭一时的冲动，就随意改变它。因为这样改变后的东西，是经不起考验的。

智慧拓展

“五常”即仁、义、礼、智、信，是指人作为社会中的独立个体，为了自身的发展和社会的进步，而应该拥有的五种最基本的品格和德行。孟子提出“仁、义、礼、智”，董仲舒将其扩充为“仁、义、礼、智、信”，后称“五常”。“五常”中的“仁”是指仁爱之心；“义”是处事得宜和合理；“礼”是人际关系的正常规范；“智”是明辨是非；“信”是言无反复、诚实不欺。“五常”贯穿于中华伦理的发展中，成为中国价值体系中最核心的部分。

有“五伦”就有“五常”，表示这五种根本的关系，必须要有它不变的规矩。**君臣有义，父子有亲，夫妇有别，长幼有序，朋友有信**。这都不是片面的要求，都是相对待的。我建议大家不要用“相对立”，因为一对立，就无法统一了。“对待”还可以统一，“对立”怎么统一呢？人不要有对立的观念，我们要相对待。

君臣有义。我们没有片面地要求，说老板要照顾你的下属，你的下属才会对你忠心耿耿。**“义”指的是合理**，你合理地对待他，他就合理地对待你；如果你不把他当人看，他迟早会背叛你。而且，他背叛你也是理所当然的，你不要怪他。

人与人不可能一模一样，为什么？因为有老、有小，有男、有女。所以讲到平等，我想让各位去想一想：人与人之间可能完全平等吗？若说尽量地让人与人之间平等，相信没有人会反对。实际上，**人与人之间不太可能会平等**。为什么？**机会有限，资源不足**。机会永远是有限的，资源永远是不足的。如果能让每个人都有，那当然可以平等。但事实是大家都想要，可资源和机会就这么多，于是就有一个先后、轻重、缓急之分了。所以，儒家才会主张有差等的爱。

爱是不可能有差等的，爱只有爱跟不爱。**但是，因为有先后、轻重、缓急之分，所以看起来有点儿不一样，实际上是一样的**。比如，两个老人都需要照顾，一个是你的爸爸，一个是你爸爸的朋友，你会先照顾哪一个？如果你能够同时照顾两个老人，你当然会同时照顾他们。可是你的精力有限，你的时间有限，怎么办？所以会有先后、轻重、缓急之分。大家从这个角度来了解儒家，应该会比较容易。

但是我们不能够把它绝对化，一旦绝对化就会变得不可靠，大家就不服气了。为什么只要求我，不要求他？所以，**父子有亲**，这里还没有讲到孝。父子间彼此都有亲情，父亲对儿子要仁爱、要照顾，儿子才会对你孝敬。你天天拿儿子当出气筒，天天当众给他难堪，天天想尽办法羞辱他，他就算孝敬你，也是一时的，也是表面的，他迟早会离家出走，迟早会在无法忍受的情况下，不认你这个父亲。这才是事实。

夫妇有别。这个“别”字特别重要。现在，我们的思想被西方的很多主张迷惑了，以致我们变得头脑不清，分辨能力差。西方人一直说男女要平等，我们就盲目地跟着说男女平等。大家冷静地想一想：世界上什么地方需要追求平等？什么地方平等的需求、平等的呼声最高？答案很简单，就是不平等的地方。如果这里已经平等了，干吗还要追求平等呢？干吗还要天天高呼平等呢？不平等毋宁死，这不是很奇怪吗？这些都发生在西方，没有发生在中国，就是说中国自古以来就很平等，就很自由。

但是，我们很清楚，**人类只能享受合理的平等，合理的自由**。现在我们把“合理”去掉了，只说自由、平等，这就将自由、平等极大化、绝对化了。想要绝对的自由，想要绝对的平等，谁也做不到。人类若自寻烦恼，自讨苦吃，就是糊涂。

我们听到西方争取男女平等，应该很高兴才对，因为我们已经不需要争取了。西方人争取言论自由，其实我们也不需要争取，因为我们的言论已经够自由了。其实我们自古以来就是这样，皇帝的要求很有限：你不要造反，要按时打粮，对外的事情我来做主。这样，我们才有皇帝离我们像天一样远的感觉，“帝力于我何有哉”的感觉，外国人哪里会有？

追根溯源

“帝力于我何有哉”出自先秦的《击壤歌》，原文如下：

日出而作。

日入而息。

凿井而饮。

耕田而食。

帝力于我何有哉?

这是一首远古先民咏赞美好生活的歌谣。这首歌谣用极口语化的表述方式，吟唱出了一首生动的田园风景诗。诗文大意是：太阳出来就去耕作田地，太阳落山就回家休息。凿一眼井就可以有水喝，种出庄稼就不会饿肚皮。这样的日子有何不自在，谁还去羡慕帝王的权力?

不要外国人争取什么，我们就争取什么。外国人争取那些，是因为他们在那方面有缺陷，他们有那个需要，我们不一定有。在中国，如果了解真实的状况，你会知道，我们向来是女权高于男权。虽然我们表面上会把男人捧得比较高，但这只是中国人的一套做法而已。给男性一个家长当，却没有薪水领，而真正的实权都在女主人手上。大家仔细去观察就会发现，若女主人有一套，她就能够在实际上掌权，而名义上她从来不要，这才是聪明的。我长期看下来，**凡是争取男女平等的，最后都是女性吃大亏**。

长幼有序。为什么？因为哥哥的力气永远比弟弟大，你要跟他争，他打你一下你就受不了。我们中国人处处都提保护弱者，但是我们会讲出一套让强者很有面子的话。各位朝这个方向去想我们的伦常，就可以体会得很深、很精，而不是像现在这样，只知道字面上的意思。

朋友有信。一个人若没有信用，是无法立足在社会上的。但是，信也不是绝对的，对任何人都有信用，那也是不可以的。孔子告诉我们：你要先对人家有信用，但当你发现人家对你没有信用的时候，你就要小心了，就要疏远那个人，不能再上当。这样我们才知道，为什么中国人对于吃亏上当的人，一点儿也不同情。不像外国人，他们很同情被欺负的人，很同情吃亏上当的人。中国人相反，中国人专门爱笑那种人。

中国式家风的第一个特色，就是“伦常”：君臣有义，父子有亲，夫妇有别，长幼有序，朋友有信。很多年来，中国人对于“伦常”有着许多误解，现在我们知道，“伦常”正是家庭关系正常的基础。那么，中国式家风的第二个特色是什么呢？

第二，知进退。知进退，我们很少这样直接说出来，我们通常用**与时俱进**这四个字来代替。但是，一提到与时俱进，很多人就认为，与时俱进就是我们应该随着时代而进步。其实这句话是有问题的。**“与时俱进”真正的意思**是说：**该进的时候要进，该退的时候还是要退**。因为**进固然是进，退也是进**。这个“退也是进”，很多人是很难理解的。比如我们打仗的时候，一直说前进、前进，永远是前进，从来没有撤退，可明明是有退的。**退是什么？就是改变方向继续前进**。那是非常时期、非常措施、非常行动。

平常也是如此。时机有利的时候你不进，很可惜；时机不利的时候你进，很可笑。其中的缘由孔子讲得最清楚：社会很正常的时候，你不赚大钱就表示你没有能力；社会很混乱的时候，你赚大钱就表示你道德有问题。就这么简单。所以，不见得赚钱就是好，不赚钱就是不好。

中国人的进退，是没有固定方向的。**因为时是变化的**。比如，春天是生发的季节，夏天是发展的季节，若到了夏天才种东西，就已经太晚了。秋天要收割，冬天要养精蓄锐，因此到了冬天，最好少乱动。这才叫时。不然什么叫时呢？可现在的很多人都不懂得依时而动，一天到晚把自己搞得很忙，就为了显示自己很伟大，显示自己能照顾这么多，折腾到最后得了最可怕的现代病——猝死，突然间就不见了。自作自受。

还有一句话，是我们经常说的，叫作“**尽人事以听天命**”（语出《中庸》）。那也叫作知进退。可是，“尽人事以听天命”我们经常把它解释成：凡事你要尽量去做，最后结果怎么样，是老天决定的。但无论结果如何，你都要欣然去接受。对于这句话的解释，后面那个“听天命”的解释是对的，就是说：**成功是成功，失败还是成功。因为失败，你就多了一个经验，下次就可以避免类似的错误，就不会重蹈覆辙。**

但是，“尽人事”并不是说我要想尽办法、用尽心思，然后找人情，游走于法律的边缘。可是很多人都是这样想的。中国人的“尽人事”，应该是在工作的过程当中，不断地提升自己的品德，那才叫“尽人事”。**不管做什么事情，不管多么艰难困苦，或者多么快乐、多么顺利，你都不要忘记修炼品德。**因为艰难困苦的时候修炼品德，你比较容易记住；而快乐、顺利时更要提升品德，因为那个时候你的品德最容易有损。**各种变化，不变的是心态。**心态就是提高自己的品德修养。至于结果怎么样，就交给老天来决定吧。这就叫作知进退。

中国式家风的第二个特色，是“知进退”。世界上没有一条河流是直的，也没有任何人的成长是一帆风顺的，我们做到“尽人事以听天命”就可以了。但是，我们应该以怎样的心态面对失败？中国式家风的第三个特色，又是什么呢？

第三，不认输。世界上有那么多民族，很少有像我们中国人这样绝对不认输的。我们看谁都不服气，怎么会认输？其他国家的球队出去比赛，赢了，他们很高兴；输了，他们就认输，这次努力得不够，下次继续努力。中国人会吗？中国人不会。中国人从来没有认输过。我们输了是因为水土不服；我们输了是因为我们的场地被人家动了手脚……不然我们才不会输。

我再举一个典型的例子：我从来没有听过一个妈妈，跟她的孩子讲过实话。你遇到过这样的妈妈吗？她把孩子叫来，说："儿子，你看，你爸爸就是失败。他那么努力，可你看这个家，还是不能跟人家比。你祖父也失败，一生也就这样糊里糊涂地过去了。所以我看你也算了吧，马马虎虎过日子就可以了。"有这样的妈妈吗？没有。天下的妈妈，只要她是中国人，她一定会这样讲："儿子，你要争气。你看你祖父现在不是很成功，是不是？其实他很厉害的，他是被小人害才会如此。我跟你讲，你爸爸也是一样，倒霉，运气不好，不然谁比得过他？所以你只要努力，就一定有希望。"

中华民族就是靠着不认输，我们的文化才一直是连续的；就是靠着不认输，我们每几百年才能大兴盛一次。这是我们必须要坚持的。怎么可以认输？

但是，**口头上不认输，内心却要反省自己的问题到底出在哪里**。这个叫作一阴一阳。你口头上一认输，兵败如山倒，全完了。但你心里一定要调整，要时刻提醒自己：如果我再这样下去，我会把自己短短的一生都耽误掉。我们常说，识时务者为俊杰。但是这句话很容易让你变成小人，所以你要告诉自己：我要调整，但是我**只能够随机应变，绝对不可以投机取巧**，凡是对品德有伤害的我宁可不要。我要坚持提高品德修养，要想办法让自己更圆通一点儿，来配合这个时代的需求。这样就对了。

历史典故

“识时务者为俊杰”出自《三国志·蜀志·诸葛亮传》。

三国时蜀汉著名的政治家和军事家诸葛亮，年幼时丧父，依靠叔父诸葛玄过活。在诸葛亮十六岁那年，他的叔父也去世了。于是，诸葛亮在襄阳城西的隆中置了一点儿田产，一面耕种，一面读书。诸葛亮在隆中住了十年，这期间他读了大量的经史和诸子百家的著作，获得了丰富的政治、军事、历史等方面的知识。同时他又留心研究当时的政治形势，逐步形成了一套独特的政治见解。

当时，刘备正依附荆州牧刘表，他觉得要成大事，必须要有有智谋的人辅佐，因此他一直在物色有见识的人才。后来，他听说司马徽在襄阳很有名气，很会鉴赏人才，便去拜访他，并问他对当今天下大势的看法。司马徽说：“我是一个平庸的书生，怎么能认清天下大势？能认清天下大势的人才是杰出人物。这里的卧龙和凤雏，就是这样的杰出人物。”司马徽所说的“卧龙”，便是诸葛亮。

所以，在这种情况下，我建议**先从夫妇开始**，把我们所讲的这些都谈一谈：我们家是不是这样的？要不要照这样去走？如果能够在两人谈恋爱的时候，就谈到这些问题，还会离婚吗？我们现在谈恋爱的时候只会看电影，只会唱歌，只会跳舞，那不离婚才怪。

我们的圣贤很少，就是因为中国人是不服输的。所以**我们的圣贤**

通常都不是个人，而是集大成的。比如孔子，集儒家之大成；老子，集道家之大成。哪个不集大成？他们的思想都叫作一家之言，而不是个人的想法。

历史典故

“一家之言”出自西汉司马迁的《报任少卿书》，指有独特见解、自成体系的学说或论著。属褒义词或谦词。

西汉时期，史学家司马迁走南闯北，收集各种史学资料，用近20年的时间撰写出52万余字的《史记》。但他始终保持严谨的态度，按事实撰写历史，以自己的独特的见解评价历史人物。他对好友任安说：“欲以究天人之际，通古今之变，成一家之言。”

现在有些人很奇怪，一开口就是“这是我个人的想法”。你“个人的想法”谁会去听呢？西方人可以说“我个人的想法”，中国人却只能说“大家的看法”。我们研究的成果，从来没有个人意见，因为那是没有人会接受的。所以，我们以前从未说过这是哪一个人的意见，我们都说这是“一家之言”。大家看看诸子百家，没有哪一个人是独创一格的。

外国人常问我：为什么你们中国人落差那么大？孔子高高在上，你们这些人却没一个人能赶得上他。我说不错，你们永远是“我要胜过我的老师”，我们从来没有，我们中国讲究师承，这是我老师说的，这是老师教给我的。我们把自己新的东西通通加到老师教我们的东西上，就变成一家了。

在中国，儿子在外面都说：我爸爸叫我来做什么事，我爸爸让我来向你报告什么事。我们很少说我怎么样，因为你说“我”，人家就不敢相信了。你这么说，那你家人有什么想法？所以现在很多人，在外面讲了半天话，等于零。**每一个人在外，都代表一个家庭**。所以，如果你一开始就说我怎么样，人家就会怀疑你这个人到底代表谁，是代表你自己，还是代表你的家庭？从而产生一种不信任感。

所以，在这种情况下，我建议先从夫妇开始，把我们所讲的这些谈一谈。夫妇坐下来谈完后，再分别去问问二老：我们是不是这样子？我们的家风要不要这样传承下去？这是个非常重要的事情，也是我们这次要把家风重建起来，把家风复兴起来的一个必要的过程。

第四集　重建家风的要领

——儿子不教害自己全家，女儿不教害别人全家

传承

·任何的需要都必须要等待。

·中国人的孩子做错事，我们应该骂他的父母。

·每一个人的生长环境跟背景，都是不相同的，所以我们不要比来比去，因为根本无从比起。一个人的需要如果太容易满足，其实并非好事。

·我们要节制我们的欲望，但并非要禁欲。

·夫妻是来共患难的，不是来共享福的。

·患难夫妻心才会齐。有钱也齐心，没钱也齐心，那才是真正的心齐。

·白头偕老才是夫妻最大的成就。

·生儿子不教害自己全家，生女儿不教害别人全家。

前面讲到重建家风需要三个基础条件，也是中国式家风的三个特色：重伦理、知进退、不服输。在具备了这三个条件后，重建家风还需要三个重要的环节：修身、齐家、传承。那么，这三个环节之间有怎样的关联？修身首先要做到的是什么？齐家齐的是什么？在现代社会中，对于传统的传承，又为什么特别重要呢？

第四集　重建家风的要领

——儿子不教害自己全家，女儿不教害别人全家

不管是要建立家风，还是要复兴家风，都必须要有三个很具体的环节，而且每一个环节我们都要把它做好。这三个环节不但缺一不可，而且环环相扣。其实，这三个环节都是大家非常熟悉的。第一，修身；第二，齐家；第三，传承。下面，我分别把这三个环节来做一个说明。

第一个环节，修身。家里面不论男女老少，不管先来后到，都必须要好好把自己修好，叫作修身。“修”字是修整的意思。我们身上多多少少会有一些令自己不满意的地方，所以我们要把它修一修，使它更正、更好。

《大学》里讲的这句话谁都会背：“**自天子以至于庶人，壹是皆以修身为本。**”从地位高的人，一直到平民百姓，没有一个人例外，都必须要以修身做根本。这就告诉我们，齐家、治国、平天下，不是本，而是末。如果你连本都做不好，后面都是空谈。修身修得好，齐家才有可能做得好，然后才有本事去治国，最后才能够平天下。这就是《大学》里所说的：“**身修而后家齐，家齐而后国治，国治而后天下平。**”这当中只要有一个做不好，用今天的话说，就是没戏唱了。所以，修身是根本。

问题是怎么修身？《大学》里说：**格物、致知、诚意、正心**。这

八个字是专门讲修身的。可见，**修身是从格物开始**。问题是格物怎么解释呢？现代人很喜欢科学，所以就会从科学的角度去解释，说格物就是把每一样东西，都弄得清清楚楚。其实这个“格”是去掉的意思，“格物”即是把人对物的欲望去掉、减少。**人随着年龄的增长，欲望会越来越多，对外界的需求也好像是无止境的**。**这才是最大的麻烦，也是修身最大的障碍**。所以，《大学》才会把格物排在最前面。

因此，我建议，家长在教育孩子的过程中，尽量不要让他想要什么就得到什么。现在的家长，孩子一哭，家长就问他想要什么，然后马上办到。所以，到孩子五六岁的时候，他在外面就会有很多“精彩”的表现。我就曾在餐厅吃早餐时亲眼看到过。在自助餐厅里，孩子坐在那儿，爸爸在旁边陪他，妈妈去拿东西。孩子说：“妈妈，你怎么这么慢！”然后声音越来越大，“坏妈妈！坏妈妈！……”最后竟然哭了起来。为什么？急着要吃啊！然后，我开始注意那个爸爸，那个爸爸完全无动于衷。这算什么家庭？家风到哪里去了？这就是没有修身的后果。

典型案例

1.在某游乐场，两个小孩儿因为争玩具发生打闹。没想到小孩儿间的打闹，竟然引发了双方家长的激烈争执，进而大打出手，令人唏嘘。最后，两家的家长都被请进了派出所。

2.一位老人带着个四五岁大的男孩在地铁站内走，应该是送孩子去上学。男孩突然想上厕所，老人就指着墙角的位置让男孩在此方便，自己背着孩子的书包往前走了。当时周围并没有工作人员，过往的乘客都对男孩随地撒尿的行为表示愤慨，但也很无奈。

我以前在美国，就曾听过孩子骂自己的妈妈“坏妈妈”，可我从没在我们自己的国家里听到过。孩子骂妈妈，爸爸的责任是什么？我相信那个爸爸当时一定很开心，心想终于有人骂她了。如果这样，这算家庭吗？这是一家人吗？《易经》里面有个**需卦，告诉我们任何的需要都必须要等待**。但现在的孩子不能等，想要就要，那他的一生该怎么过？你看看妈妈喂小孩的时候，要把食物吹凉，甚至自己试试温度，再送到婴儿的嘴巴，这是有深刻用意的。

有一次，我在一家店门口遇到一个年轻人，长得比我高，很清秀。他跟我说：“你把那个买给我。”但我并不认识他，我就问：“为什么？”他说：“因为我喜欢。”我说：“你喜欢，你不会自己买？”他说：“我没有带钱。你给我买！”真有这样的人。这是谁教出来的呢？我们该骂谁呢？该骂他，还是该骂他的爸爸妈妈？我再说一遍，**中国人的孩子做错事，我们应该骂他的父母**。这是非常有道理的。

格物是从婴儿时期就要开始的。一位父亲，每次出差都给孩子带玩具，这是真的疼爱孩子吗？不是。他是为了给他的邻居炫耀。你看，我多有办法，什么玩具都能买来，你家有吗？还有一种更可怜的心理，就是他小时候没有玩过，现在其实是为了补偿自己。他买来玩具，一路玩，玩够了才给孩子玩，这算什么呢？几乎都是这两种心理，很少有例外。

智慧拓展

补偿心理是一种心理适应机制。个体在适应社会的过程中总有一些偏差，为求得到补偿。从心理学上看，这种补偿，其实就是一种“移位”，即为克服自己生理上的缺陷或心理上的自卑，而发展自己其他方面的长处、优势，赶上或超过他人的一种心理适应机制。

补偿心理是一种使人转败为胜的机制，如果运用得当，将有助于人生境界的拓展。但若盲目将补偿心理放到孩子身上，则会产生反作用。比如，有些家长小时候家里条件不好，受了不少苦，因此在对待孩子时，他们往往会脱离自己的客观条件，为孩子创造优越的物质生活条件，想尽办法使孩子回避成长过程中应经历的痛苦，从而造成孩子对他人的感受不敏感，社会适应困难等问题。

有一次，我碰到一个到外地出差的朋友，他跟我说，他在回去之前，一定要抽出一个小时的时间去买玩具。我问他为什么。他说他老受隔壁家爸爸的气，隔壁家爸爸一买回来玩具，他的孩子就说“爸爸我没有，我也要”。所以，他这次也要买一个隔壁家孩子没有的玩具，也让他家孩子去吵他，让他也受受气。

我们要知道，**每一个人的生长环境跟背景，都是不相同的，所以我们不要比来比去，因为根本无从比起。一个人的需要如果太容易满足，其实并非好事**。格物的这个“格”，是去掉的意思，但不是全部去掉，因为那是不可能的。

不管是老子还是孔子，都没有告诉我们要禁欲。禁欲是如果禁止所有的欲望，那是不合人性的，不合理的，也不安全，更不方便。所以，**我们要节制我们的欲望，但并非要禁欲**。一个欲望满足了，会产生更多的欲望。一个欲望满足了，给了我们短短几分钟的愉悦感觉，但是后面的痛苦却是无穷无尽的。

因此，我们一定要在孩子小的时候就告诉他："你要吃饭可以，但妈妈在那边煮饭需要时间，你看爸爸现在也没得吃。我们不妨趁妈妈做饭时，把家里整理整理，好吗？"你要教会他等待。人要有等待的观念。坐火车要等待，坐飞机要等待，坐再快的交通工具都要等待。格物不是说尽量地满足他，尽可能快速地让他得到满足。相反，是要他知道，只有学会克制，你才会快乐；只有克制，你才不会侵略别人。今天的很多孩子，自己有了，眼睛还看着别人的，还要把别人的也抢过来，这就是没有学会克制。

人生短暂，欲望无边，而痛苦，往往源自欲望的不断膨胀。欲望不加克制，不但有碍人的健康发展，甚至还可能使人走向犯罪的道路。因此，良好家风的建立，首先就要让孩子懂得克制欲望，帮助孩子去除坏习惯、坏毛病，真正做好修身的第一步。当然，修身只有格物是远远不够的，还需致知、诚意和正心，那么这些又如何理解呢？

致知是什么？现在有人这样解释：把物一件一件地格，然后知识就越来越充实了。你要那些知识干什么？现在一些有知识的人，却在做害人的事。我请问大家，有毒食品，是没有知识的人能够做出来的吗？没有知识，他根本不知道要加什么东西；没有知识，他一加就被政府抓到了，因为他不知道如何躲避政府的检验。凡是制造有毒食品的，都是很有规模的公司，他们请了很多有知识的专家，这样他们才知道如何以假乱真，如何混过检验，而且就算被抓到，他们也可以逃避法律责任。这种知识，我们要它干什么？

致知其实是在讲《大学》里面“止于至善”的那个“止”，就是说我们把物欲尽量地减少，减少到最后，我们就知道止。“止”是停止的止，但在此处并不解释为停止，而是适可而止。所谓**“止于至善”，不是说做最好的，而是做更合理的**。因此，格物、致知是指我们每个人都有不同的欲望，但我们要把欲望控制在适可而止的范围内，不要过分。你要想：这个适合我们家吗？会不会增加妈妈的负担？会不会让爸爸很伤脑筋？现在这个时间提出这样的要求合适吗？这才叫致知。致知就是说：我知道在这种情况之下，我可以讲什么样的话，我可以做什么样的事情。然后才有办法诚意。否则你连诚意是什么都搞不清楚，怎么能诚意呢？

典型案例

止于至善，是一种以卓越为核心要义的至高境界的追求。止于至善，上升到人性的层面，就是大真、大爱、大诚、大智的体现，是自我到无我境界的一种升华。现在，有很多大学都将“止于至善”作为校训。

东南大学校训：止于至善

厦门大学校训：自强不息，止于至善

江南大学校训：笃学尚行，止于至善

河南大学校训：明德新民，止于至善

河南师范大学校训：厚德博学，止于至善

西安外国语大学英文学院院训：Commitment to Excellence（止于至善）

福建中医药大学校训：大医精诚，止于至善

如果我们只会背，却连这四个修身的基础都无法很清楚地解释出来，又如何能够做到修身呢？所以，这就是为什么一些考试考高分的人，出来做人做事却很差劲。这是我们应该检讨的事情。

一个人对别人要诚。对别人诚就是对自己诚。什么叫作诚？《易经》告诉我们，最诚的就是天，因为天从来没有失信过，它该下雨就下雨，它从未说我不想下雨，我要整整你们。一些“有知识”的人说，现在是大自然的反扑。那是很无知的看法，大自然怎么会反扑呢？大自然是很痛苦地在挣扎，要恢复自己自然循环的本能。这种本能，是一种规律。现在这种规律被我们人为地破坏掉了，我们还说大自然反扑，良心何在？

连“诚”都不知道是什么意思，你如何能诚意？天道是最诚的，所以我们人要向天学习，等我们跟天一样大公无私了，那就叫“诚”了。诚是对自己，不是对别人。所以，孔子把“诚”叫作“勿自欺”，不要欺骗自己。外国人一般只会告诉你不要欺骗别人，但很少告诉你不要骗自己。全世界只有我们中国人会告诉你不要欺骗自己。因为中国人最了解，你骗自己，才会骗别人；你不骗自己，就不会骗别人。怎么骗别人？我们可以骗到“欺天灭祖”，欺骗天，把祖先的一切都毁灭掉。现在很多人都在做这种事，只是他自己不知道而已。

做到前面三点，最后就能正心了。

智慧拓展

《大学》中说道：古之欲明明德于天下者，先治其国；欲治其国者，先齐其家；欲齐其家者，先修其身；欲修其身者，先正其心；欲正其心者，先诚其意；欲诚其意者，先致其知；致知在格物。意思是古代那些想要彰显人类的德行和德政于天下的人士，通常会先从治理自己的国家着手；要治理好国家，必先使自己家族和睦相处，齐心协力；要把家族的亲人整治好，必先修养自己的品德；要修好自己的德行，必先端正自己的心思；要使自己心无杂念，必先使自己的意念真诚；要求诚心诚意，必先使自己知识广博明确；要获得广博明确的知识，在于认真地穷究事物的道理。

一个人内在的德智修养，会直接影响其外在的各种行为，因此人要懂得修身，懂得追求合理，凡事适可而止、不去自欺欺人。这样无论对自身还是对家庭来讲，都是有益的，正所谓“身修而后家齐”。齐家作为建立家风的第二个环节，又需要人们注意些什么？为什么说患难夫妻才会心齐呢？

我们把修身的几个基础做好了，才有办法进入**第二个环节——齐家**。我请问各位，家怎么齐？每个家庭都不一样：人口数量不一样，居住环境不一样，家庭背景不一样，经济状况不一样……没有一模一样的。怎么齐？“齐”是这个家里的人，心要齐。**一家人齐心协力，就叫齐家**。而不是说把每个家庭都搞成一模一样，那不可能，也没必要。

齐心是很难的。**齐心从谁开始？从夫妻开始**。现在的很多夫妻根本就不是一条心。很多事业颇有成就的女性，都曾跟我说过，她们当年就是因为不服自己的先生，跟他心不齐，认为你能干，为什么我就不能干，你创一份事业，我也创给你看，导致现在搞得不上不下，想收，可惜；不收，这样下去又很痛苦。但是这些在年轻的时候是很难体会到的。时间一去不复返，没有办法重新来过。如果有办法重新来过，我想她们中的很多人都不会为了争一口气，最后争出一条不归路，弄得自己痛苦不堪，回不了头。

齐，需要夫妻互动。我们同甘共苦，我们不羡慕别人，我们不跟别人比。别人怎么说我们是他们的事情，我们走自己的路就好。其实，**夫妻是来共患难的，不是来共享福的**。而且，没有共患难，后面哪里有福？尤其像我们那个年代，每一家都穷，那你的福在哪里？一生下来就死了，回天堂了，这是福。你只要活着，就得共患难。一个在家患难，一个在外患难，都在共患难。**患难夫妻心才会齐**。

典型案例

在巴金和萧珊身上，“愿得一人心，白首不相离”的爱情誓言得到了最完美的诠释。巴金对爱情十分执着，他曾说过：“我看不惯那种单凭个人兴趣、爱好或者冲动，见一个爱一个，见一个换一个的做法……多多想到自己的责任，应该知道怎样控制感情。”

萧珊本是巴金的读者。1936年，18岁的萧珊写信给巴金，从而与其相识。当时，巴金32岁。为了事业，他们谈了8年的恋爱。直到巴金40岁时，他们才到贵阳旅行结婚，后生下一儿一女。在长达28年的夫妻生活里，他们一直举案齐眉、相濡以沫。

“文革”期间，萧珊更是陪着巴金受了很多常人难以想象的苦。巴金也不知向萧珊隐瞒了多少自己所遭受的非人待遇。为了保护巴金，萧珊被红卫兵的铜头皮带打过。但她一直默默地忍受，仅仅是为了不让巴金难过。

1972年，萧珊患直肠癌与世长辞。临终前，她一直念着巴金的名字。曾有人劝巴金续弦，却被他明确拒绝。巴金把萧珊的骨灰一直放在卧室里，她的译作也一直放在巴金的床头，他时常对着这些物品出神。

有钱是好事也是坏事。只有你们**有钱也齐心，没钱也齐心，那才是真正的心齐**。夫妻心一齐，对子女就不会偏心。很多人都感觉不到，因为现在一家通常只有一个或两个孩子，怎么会偏心呢？其实我们有时候真的会偏心。大家自己去想想看。

白头偕老才是夫妻最大的成就。为什么？一句话就可以解释，大家对这句话也很熟悉，叫作**少年夫妻老来伴**。人的少年时期是很短暂的，而且那时候都很辛苦，所以那时候的夫妻才是夫妻。后面大半段时间其实是在做伴。等到那时候没有伴，你就会后悔当年干吗要离婚，就算吵架也是个伴啊。等到要吵却找不到人，那时候你后悔有什么用呢？

婚姻的幸福、家庭的和睦，都离不开夫妻二人的齐心协力，只有夫妻齐心，才有助于家业的兴旺和子女的健康成长，这是建立良好家风的关键环节。当家风建立后，就应当在父母的言传身教中世代传承下去。那么，家风的传承究竟有多重要？传承家风，又需要注意些什么呢？

第三个环节，是传承，也是现在最欠缺的。传承就是一代一代把它传下去。我先讲一句比较严重的话：我们的社会，我们的伦理，我们的家庭，就是因为当中有一代人放松了，才会让整个链条脱节、断裂，造成我们今天这么痛苦。那代人是有意还是无意的？我真的不知道。但我想他们是好意，只是不知道自己做了件大坏事。我们经常好心办坏事，自作聪明，好像别人都糊涂，只有自己看得到，然后曲解、扭曲圣贤的话，最后搞得不可收拾。就好像传染病一样。传染病一来，不知道多少人要牺牲，经过好几代人都恢复不过来。所以，下面的几句话一定要一代一代传承下去，否则，我们几代人的努力又毁于一旦了。

第一句话，生儿子不教害自己全家，生女儿不教害别人全家。你宠爱儿子，把他宠坏了，最后他把家里搞得一塌糊涂，全家就都完了。你宠爱女儿，把她宠坏了，然后将她嫁到别人家去，最后他们全家就会被她搞得一塌糊涂。所以，如果你的孩子已经被宠坏了，特别是女儿，你就赶快想想你跟谁有仇，然后想办法把女儿嫁给他，最起码有点儿用处，但那种用处是没有良心的。

第二句话，儿子教不好自己家七代受害，女儿教不好别人家九代受灾。九代，而不是一代。娶了一个不好的媳妇进来，会搞得家里几代都受灾。其实我们中国人是非常有智慧的，我们知道教女儿绝对不能像教儿子那样，对女儿的教育要特别重视，因为女儿教不好是很伤脑筋的。

现在老是提倡什么男女平等、男女受同样的教育、男女同校，搞得男不像男、女不像女的，那是人类的悲剧。大家放眼看去，现在有几个男性没有女性化倾向？有的歌星明明是男的，却像个女的，一点儿阳刚之气都没有，还到处去展示，那叫丢人现眼，没有家教，没有家风。女人跟男人一样，那人家一个男人再找一个男人，不是搞同性恋吗？娶这样的女人回家干吗？

很多事情，大家只要仔细想想，就会发现问题很多。讲到这里，我们就知道，**下一代的婚姻是上一代的责任**。现在很多家长总是说，我们也没有办法，他们都不听我们的，讲究自由恋爱，孩子长大了就是这样的。那其实是放弃责任。如果这样，爸爸就不像爸爸，妈妈就不像妈妈了。一代人稍微一放松，几代人都跟着彻底失败。

每次讲到这里，我都很惭愧，因为我感觉我不如我爸爸。我爸爸的那种坚持，我年轻的时候也看不懂。我觉得他一点儿弹性都没有，总是不行就是不行。后来我年纪越来越大，就越来越感觉到，做人真是不容易。

你跟外国人一交流，就会感觉到，外国人根本就是放纵。父母可以当着孩子的面拥抱、亲吻。那文化在哪里呢？中国人为什么大门可以不关，大户可以不闭，但房间门一定要关？孟子有一次回家，看到他太太衣冠不整，就很不高兴，他一定有他的道理。现在很多外国人，他们在飞机上穿得比在家里还随意。说难听点儿，万一遇到空难，我们最起码还有衣服可以保暖，他们那身穿着冻都冻死了。所以，**在你没有搞清楚以前，不要盲目地去学**。

中国人治家、齐家是非常严谨的。家都治不好，怎么出来治国？

很多人就开始质疑了，你把家治好，就可以治国吗？那当然。中国人的家，是由小家庭慢慢变成大家族的，所以我们叫大家长。一家大公司，它的总经理就叫大家长。我们连国家都是家。外国人就搞不懂，为什么国家要叫家呢？我们不像西方人，是那种小家庭。

如果你真的了解西方人，就会感觉西方人的一生，其实就是一个男人跟另一个男人的战争，始终就是两个人的战争。中国人不会。中国人牵来扯去一大堆人，怎么会是两个人的战争？西方人到最后就只有夫妇两个人，没有别人。有孩子跟没有孩子一样。孩子走了，他们一样孤苦伶仃。所以，我们要考虑得长远一点儿，不要只看到眼前的。现在一些年轻人，一到国外就不想回来了，为什么？因为他看到物质了。可他没有想到另外一面。所以，作为父母，从小就要告诉自己的孩子，物质是不可靠的，还要让他读读《道德经》，让他明白“五色令人目盲”。

我们听音乐会，听什么？音乐是让人心平气和、情绪稳定的。可现在的很多音乐会不是这样的，它吵得你坐都坐不住，那算什么音乐？所以，如果你的孩子要去听那样的音乐会，你会不会替他捏一把冷汗？可现在一些大人不是，他们也跟着孩子疯。这些人通通没有反省自己，不知道自己到底是怎么回事。

很多上了年纪的人跟着年轻人学上网，那你绝对要输给人家。你跟年轻人比这个，怎么可能不输给他们？你叫他们做就好了，你跟他们比那个干什么？**大人要有大人的样子，孩子才会成为孩子的样子。**你叫他做，他以后就会听你的话；你跟他竞赛，你永远会输给他，而且他还会看不起你。他会认为，爸爸算什么？落伍，旧头脑，没用。

然后他到了国外，就赖账，不回来了，因为可以不奉养父母，他多轻松，你多倒霉。

我不算账，我只是把利害关系说给各位听，让各位自己选择。因为**人生就是四个字：自作自受**。

第五集　如何传承孝道

——父母之恩不可谢

孝道

- 不管你在什么样的家庭，孝道都要世世代代地传下去。
- 孝是后天学习的。
- 子女不孝，其实父母要负很大的责任。
- 我们心中有父母，怎么把这点传达给子女，这是我们要做的事。
- 我们只要从自己做起，孩子自然就懂了。
- 心中有父母，其实是我们家风网络里面最重要的一个纽带。
- 家风里面最要紧，几乎没有哪一个家庭不提的，就是孝道。
- 中华文化，源于《易》，而成于孝。

中国人认为“百善孝为先”，所以在家风的传承中，孝道是最重要的。曾仕强教授指出，父母爱子女是天生的，而子女对长辈的孝敬，是需要教育才会懂得的。在中国传统社会几代同堂的大家庭中，孝道，是在言传身教中耳濡目染、代代相传的。那么，在现代社会的小家庭环境中，我们应该怎样教育子女、传承孝道呢?

第五集　如何传承孝道

——父母之恩不可谢

家风里面最要紧，几乎没有哪一个家庭不提的，就是**孝道**。因为，我们中华民族、中华文化，最重视的就是孝道。有一句话大家非常熟悉，叫作“**中华文化，源于《易》，而成于孝**”。我们整个中华文化都是从《易经》来的，所以，《易经》是我们中华文化的总源头。如果你要解释《诸子百家》，一定要先了解《易经》，用《易经》的思路去解释，才会比较保险。但是，不管你怎么精通《诸子百家》，如果不能在孝道方面有良好的表现，那都是读死书，是没有用的。中国人你跟他讲别的，他会想尽办法跟你争。但是讲到孝，大家都会非常赞同。这是大家随时可以印证的事实。

我们世世代代，因为时代不同，有很多不同的想法，可是没有哪一代人敢公开说“我可以对父母不孝”。于是，出现了一个很奇怪的现象，就是外国人常常喜欢到中国来领养孩子。看到他们成群结队地组团到中国来领养小孩儿，我就很好奇，问他们：“你们自己没有子女吗？”他们说：“有啊。没有子女我们根本就没有养育孩子的经验，怎么敢领养呢？”我说：“你们有子女，为什么还要领养别人的子女呢？”他们说：“我们喜欢孩子。”我又问：“特别喜欢中国的孩子？”他们说：“当然。”我问他们为什么，他们说：“你们的血液里面有一种我们比较欠缺的东西，就是孝敬父母。”我想大家可以从他们的回答中了解到，孝其实是全世界人都看重的，只是有些民族比较不容易做到而已。

典型案例

据美国国务院的报告称，2014年美国人跨国收养首选中国，只不过随着中国政府鼓励境内收养，这一数字正逐步下降。在美国国务院公布的2013年10月至2014年9月，美国跨国领养儿童的报告中显示，美国人共从99个国家领养儿童6441人。尽管或许受经济不景气等原因影响，这一数字比上一年度的7092人有所减少，但仍然相当可观。在所有被领养儿童中，2040人来自中国，占比32%。美国全国领养理事会首席执行官强森在接受媒体采访时说，中国的领养体系是美国父母信赖的体系之一。美国国务院的数据显示，从1999年到2013年，共有超过7万名中国儿童被美国家庭收养。

还有句话，也是大家非常熟悉的，叫作“**百善孝为先，万恶淫为首**”。就算有人敢当着所有人的面承认他犯了全世界男人都会犯的错误，他也不敢否认“百善孝为先”。所以，身为华夏子孙，黄帝的后代，我们必须要记住，**不管你在什么样的家庭，孝道都要世世代代地传下去**。

天下无不是的父母，意思不是像我们认为的那样：天下的父母都是对的。那是不合理的。天下无不是的父母，意思是说，天下的父母也都是人，只要是人，就一定会犯错，但是作为他的子女，你就不能去说他。再说严肃一点儿，你根本没有资格去说他。因为，养育之恩是不能忘记的，也不是你可以用什么来抵消的。这样我们才知道，为什么我们谁都可以谢，就是父母不能谢，因为**大恩不言谢**。

现在有很多家长，特别是妈妈，喜欢赶时髦，告诉孩子要谢谢爸爸，其实她的目的是要引导爸爸也说谢谢妈妈，我认为这种方式不是很理想。人家给你倒杯茶，你说声“谢谢”，就完了；人家看你没有零钱买车票，给你点儿零钱，你说声“谢谢”，也完了。互相抵消了，就忘记了。那父母的养育之恩可以谢吗？一辈子都还不了的恩情，怎么谢？

我们中国在孝这方面有很独到的见解。可惜现在的人多半看到西方父母跟子女嘻嘻哈哈，好像朋友一样，觉得很新奇，就去模仿。其实好奇我并不反对，但是盲目地学习，那是非常可怕的。

中国人孝敬父母不是那么容易的事情，我们最起码要分成三个等级。

第一个等级，叫作**大孝尊亲**。如果你真是个孝子，那这辈子就要努力，让你的父母能够扬名一世。大家想想看，不管什么比赛，只要你得到冠军，你的眼睛就会赶快寻找你的父母，暗示主持人我爸爸妈妈在那里，你最好叫他们出来，让他们有光彩。这是人之常情。外国人会不会？不会。外国人上台领奖，谢谢这个，谢谢那个，却几乎都不会提父母。这两种方式我们一比较就知道，到底哪个才是孝。我没有说哪个不孝，因为那是价值观不一样造成的。

我们所做的一切都是为了给父母增添光彩，叫作光宗耀祖。这一点儿也不可笑。如果人只是为了个人的名利，他很可能会想得很近、看得很小，还可能会采取不当的手段。但是，一想到光宗耀祖，他会看得很远，会想得很广，而且会小心翼翼，生怕出错。

现实生活中，能够金榜题名、富甲一方、光宗耀祖的人，毕竟是少数，大部分人的一生都是在平凡中度过的。如果我们只是一个普通的人，没有能力做到光宗耀祖，又该怎么办呢？

光宗耀祖是很难的事情，有的人一辈子都没有办法光宗耀祖。所以，我们有三个等级，如果第一个等级做不到，就向第二个等级去努力。**第二个等级**，叫作**不辱**，就是不使父母受到侮辱。这点其实前面已经说过了。中国人有一个习惯，就是孩子说错话，做错事，我们不骂他，我们专骂他的父母。这就告诉你，你说错话，你的父母会丢脸面；你做错事，你的父母一定会挨骂。不当你面骂，也在背后骂。这是谁家的孩子，这么没有教养，父母在干什么。这时候你会觉得，我没有面子事小，可我让我的父母蒙羞，这是我怎么赔都赔不了的。你就会很愧疚。

所以，中国这一套设计，这一套架构，难道不好吗？会比法律差吗？我们一方面不要因为我们而让父母受辱，然后进一步让父母因为我们的努力奋斗而得到荣誉。大家想想看，“模范母亲”的称号是谁给的？她会自己说“我是模范母亲，你们投票给我，把我选成‘模范母亲’”吗？当然不会。能够选上“模范母亲”，多半是孩子有办法。需要强调的是，我所说的“办法”是正当的，不是想办法去送钱、送礼、巴结，利用特权。那毫无价值。我靠我一生的贡献，我靠我对社会人群的服务，我靠大家都有共同的想法，把我的妈妈推出去当“模范母亲”，这样不仅让全家人都有面子，连祖宗在天上都会笑得很开心。大家有没有发现，我们中国人看事情是非常长远的。

如果我没有办法光宗耀祖，有时候也难免让我的父母挨骂、受辱，怎么办？那就做到**第三个等级**，最起码要能**奉养父母**。今天我们经常听一些老人说，即使你养了子女，也不能要求他们来照顾你。这句话人家是说着玩的，你怎么知道他不受他子女的奉养？你知道他子女愿不愿意奉养他吗？然后，你就开始借故说“我没有办法，我现在自顾不暇，你们二老自己想办法吧”，甚至说“你们二老有退休金，你们比我还有钱，我还来照顾你们干什么”。

我请问大家，你们有父母，你们也有子女，你们是对子女比较好，还是对父母比较好？我就问这一个问题就够了。相信没有人敢回答。因为你怎么讲都没有用，大家都看得出来你对子女比较好。你对子女为什么这么好？因为他是你的未来。你对父母为什么比较冷漠？因为他们快要完蛋了，快要报废了。这完全是利害关系，这算什么亲情？就是打小算盘嘛！这个还有利用价值，要好好对待；那个已经没用了，不用管他。这算人吗？

你每次对待你子女的时候，就要想想，当年你的父母是怎么照顾你的。你现在比你父母有钱，你可以更好地照顾你的子女，但你不能说当初他照顾你不如你照顾你的子女好，而应该说当初他比你要辛苦。他那样照顾你，你更应该想办法让他过比较好的晚年生活。因为你的孩子还有未来，他还可以奋斗，但你的父母已经到达了晚年。

上面所说的对子女比对父母好的人，还算是好的，最起码他们还有孝敬父母的观念。还有一种人更糟糕！你到公园里面去看一看，有些人，他抱着一只狗，然后对妈妈说：“妈，你照顾好自己，我要抱狗狗，没办法扶你了。”我没有反对你爱护动物，但是当你的动物跟你的父母在一起的时候，如果你比较照顾动物，而不是照顾父母的话，我真的不知道你在干什么！

典型案例

一直很少上门的儿子和儿媳，有一天突然要把住在乡下的母亲接到城里养老。老人十分高兴。可等老人去了以后才发现，儿子和儿媳让她来的目的，是给儿媳养的一只小狗做饭！这只小狗每天都要吃3元钱的鸡肝，而老人的生活却很清苦。一天，老人终于忍不住吃了小狗一点儿鸡肝，结果被儿媳发现后几番痛斥：你都这么老了，还跟狗抢吃的！

孝顺其实不是先天带来的。我再说一遍，中国为什么没有《慈经》只有《孝经》，因为慈是先天带来的，你不用教父母，他们自然会爱护自己的子女。可是，**孝是后天学习的**。上一代照顾下一代，所有的动物都会。没有母鸟照顾小鸟，小鸟早就死掉了。所以，上一代照顾下一代是天生的。但是人跟动物不一样的是，人后天会学习孝。有些人反驳说，动物也会孝啊。动物只会“笑”，而且连这个笑也不如人的笑，哪里会是“孝顺”的“孝”？这些人把自己跟动物对等了，那是他们的事，我们不要去学他们。

人跟动物的不一样就在这个孝。其实人的本能跟动物一样，看到父母老了，知道他们没有用了，就把他们拖到野外，然后自己回家。过了几天过去一看，他们被野兽抓啊、啃啊，觉得很凄惨。如果是动物看到这个场面，它们会认为是很自然的，也没有什么感觉。可人就有感觉，会觉得我这样对待我的先人是不对的，于是他就回家，拿一把铲子，挖一个洞，把父母放进去埋起来。又过了一阵子，他又过来看，又不对了，那个土堆被水冲垮了，搞得乱七八糟。我们祖先的坟墓就是这样一步一步地演变过来的。

我们会记史，我们会顺史追源、顺宗追源，我们会孝敬父母，这些都是后天一步一步学习来的。既然他要学习，你就必须要教他。**子女不孝，其实父母要负很大的责任。所以，我们才会把孝道当作家风中很重要的一环**。如果孝是天生的，人生来就会，我也不需要在这里讲这么多道理了。

孝道，是家风中需要传承的重要内容，因为父母对子女的爱，是天生的，而子女对于长辈的孝敬，却是家庭教育的结果。那么我们应该怎么做，才能教育子女懂得孝道呢？

怎么样教导你的子女懂得孝敬？我们现在把它归纳起来，只有一个办法，就是**三代同堂**。我们以前提到三代同堂，会找一大堆理由反驳：我的孩子和我最怕跟我的父母住在一起，因为他们是老顽固，他们的很多观念都跟我们不一样，我们的观念比较现代化。我想问，你的观念怎么现代化？只要没有三代同堂，你就没办法教孩子孝顺。因为三代同堂，你怎么对待你的父母，你的子女看了后，就知道怎么对待你了。这是最现成、最方便的方法。

有一家发生过这样一件事情，那家的孩子才五六岁，可他不玩别的玩具，偏偏去拿一块不知道哪里来的小木头，然后用一把小刀子，就一下一下地刻。妈妈说："你不要玩这个，会伤到手的。"可是他不听，他就是要刻。妈妈就问他要刻什么，他说我要刻个碗。妈妈就说："你刻碗干什么？咱家的碗多得很，为什么要做一个木头碗呢？”孩子说：“祖父吃饭的时候常常把碗摔破，你就骂他，所以我想刻一个木头碗给他，他就不会打破了，就不用挨你的骂了。”

典型案例

江某，因不愿赡养老人而与老父亲对簿公堂。26年后，历史重演，他将不尽赡养义务的两个儿子告上法庭。

1987年，40岁左右的江某，膝下有两个儿子。因父亲年过古稀且体弱多病，江某夫妇不愿赡养老人。当年，老人将江某告上法庭，法官判江某每年向父亲提供225公斤稻谷、10元钱以及2.5公斤菜油。两年后，江某的父亲去世。当时在法庭上，法官曾对江某说：“你现在不好好尽孝，将来你的儿子也会学你，到时候你怎么办？”不料一语成谶。

如今，江某已70多岁，老伴去世，自己也渐渐失去了劳动能力。然而，他的两个儿子都不愿赡养他，甚至不让他进门。江某指责他们不孝，儿子们振振有词：“你以前也不赡养爷爷啊。”无奈之下，江某一纸诉状，将两个儿子告上法庭。最终，人民法院判定，江某的两个儿子需共同承担赡养责任，每年提供300公斤稻谷、5公斤油，每月支付10元，每半年执行一次。法庭上，江某当庭痛哭：“我后悔没好好赡养老父亲，没给后代带好头，孝顺是要一代一代往下传的。”

大家不要以为小孩子很天真。小孩子是无邪，不是天真。他没有人间这种邪念，这种恶的观念。他没有知识。他只是说你怎么可以骂祖父呢？那我将来也骂你好了！所以，很多人不知道这就是你所造成的恶果，却一味地怪学校、怪社会。

智慧拓展

为什么儿童是无邪的？因为大人往往是有邪念的，才看到儿童是无邪的。

我常常说，建筑师最大的功能就是让三代人无法住在一起。因为西方人都是小家庭，所以住现代的房子没有问题。但是现在你也买了一个现代的房子，只能够住一个小家庭，没有办法三代同堂了，你怎么办？你要想办法。像我，刚结婚的时候是跟我父母住在一起的，可是后来因为工作的关系，要调到比较远的地方去，我就没有办法三代同堂了，那就每个礼拜天都带着孩子回家。孩子功课再多，我都坚持要带他们回去看祖父母。这样就够了。你在三代同堂当中可以做很多事情。比如你要教你的孩子，你直接去教他还不如说："祖父不喜欢这样，不然你去问他，或者我带你去问。"因为你直接告诉某人一件事，他多半会听不进去，会觉得是因为你不喜欢这样，所以他才不能这样做。我们以前的家法伺候，就是这样，孩子做错事情，你要打他，他心里想你为什么打我？

我们做父亲的看到儿子做错事情了，就会向祖宗的牌位跪下来，说："列祖列宗在上，我这个不孝子孙今天非常难过，非常惭愧，因为我没有教好孩子，所以他的错你们不要怪他，通通算在我身上，我给你们磕头。”孩子听了父亲的这些话，会有什么感觉？他会赶快跑过来磕头。很多人根本不了解中国人的这种做法，就一直批评这个、批评那个。你有什么资格批评？那是最好的教育方法，最好的传承，也最保险、最安全、最方便、最有效的。

孝道在中国传统家庭中是比较容易传承的，但是在现代社会中，不仅三代同堂的家庭越来越少，家里有祖宗牌位的家庭也难得见到了。在家庭环境已经完全不同的情况之下，我们又该如何教育子女、传承孝道呢？

其实，把孝归纳起来，你让你的子女做到一点你就成功了，就是**让子女心中有父母的存在**，就这一点而已。可这一点可以直接说吗？不能说，说了也没有用。你是我的儿子，所以你心中要有我。他听完肯定笑死了。怎么有你？什么叫有你？什么叫没有你？所以你只能做给他看。这样我们就了解为什么不可说。我们常常说“不可说”，因为说了也没用，说了很肉麻的。

现在的人完全没有感觉，把“520”说成“我爱你”。看谁都说“我爱你”，那还有什么文明呢？“不敢为天下先”“始作俑者，其无后乎”，两大圣人的话都忘光了吗？**我们心中有父母，怎么把这点传达给子女，这是我们要做的事**。这叫作传承。比如，爸爸从外面带东西回来，妈妈的第一反应是什么？妈妈会问谁送的。孩子就知道了，做人是要送礼的。孩子就是从这里学来的。你怎么可以当着孩子的面问他谁送的？你应该问这是什么东西，要不要放冰箱，会不会坏。先把东西安顿好了再说其他的。然后你就想，这个东西是祖父最喜欢吃的。为什么叫“祖父”，不说“你祖父”？因为中国人的称呼是跟着晚辈的。可见我们处处都在教孩子。这时候，妈妈应该当着孩子的面说：“这东西祖父最喜欢吃。”爸爸就说：“人家是送给你的。”妈妈说：“是送给我的也没有关系，我收了，但是我可以送给祖父吃。”这样就够了，不必再啰唆了。再啰唆反而会产生反效果。孩子在一旁看着就懂了。这就叫作潜移默化。

智慧拓展

“不敢为天下先”出自老子《道德经》第六十七章，原文是：“我有三宝，持而保之：一曰慈，二曰俭，三曰不敢为天下先。”当中，争议比较多的是“不敢为天下先”。现在的人天不怕地不怕，偏偏就要敢为天下先。老子所讲的“不敢为天下先”是什么意思呢？它真正的意思是不忘本，而不是先后。先后没什么了不起，它只是临时性的，因为先会变后，后也会变先。整句话的意思就是我不忘本，反而能够成为万物之长、万物之灵。

中国人最痛恨的事就是数典忘祖，认为数典忘祖的人根本就不是人。什么叫根本？道就是根本，天地就是根本，自然就是根本，人再怎么创造，再怎么应变，再怎么灵光，都不能离道，不能违道，不能忘本。

以我们对中国文字的了解，会很轻松、很明白地知道：不敢为天下先就是敢为天下先。敢为天下先和不敢为天下先，并没有什么不同，只是说法不一样而已。为什么？因为当我们说不敢为天下先的时候，同时包含着另一层意思：如果合理的话，如果顺应自然的话，那为天下先也没关系；当我们说敢为天下先的时候，意思即是，当时机不恰当的时候是不敢为天下先的。

中国人讲话，厉害就在这里，会变通。是里面含有不是，不是里面含有是；善里面有恶，恶里面也有善；要会变成不要，不要也会变成要。这个需要我们花一点儿时间好好体会。这也是《易经》的思维，而且几乎百家的思想里面都含有这么一种变动性。因为整个是变的，你怎么可以固定呢？我们中国人，有一个很高明的做法，就是本立而道生。我们站在不要的立场来要，站在没有意见的立场来发表意见，站在不敢为天下先的立场，敢为天下先。

历史典故

“始作俑者”，这个成语出自《孟子·梁惠王上》：“仲尼曰：‘始作俑者，其无后乎。’为其象人而用之也。”

战国时，有一次孟子和梁惠王谈论治国之道。孟子问梁惠王：“用木棍打死人和用刀子杀死人，有什么不同吗？”梁惠王回答说：“没有什么不同的。”孟子又问：“用刀子杀死人和用政治害死人有什么不同？”梁惠王说：“也没有什么不同。”孟子接着说：“现在大王的厨房里有的是肥肉，马厩里有的是壮马，可老百姓面有饥色，野外躺着饿死的人。这是当权者在带领着野兽吃人啊！大王想想，野兽相食，尚且使人厌恶，那么当权者带着野兽来吃人，怎么能当好老百姓的父母官呢？孔子曾经说过，首先开始用俑的人，他是断子绝孙、没有后代的吧！您看，用人形的土偶来殉葬尚且不可，又怎么可以让老百姓活活地饿死呢？”

我们只会应付考试，却不会将知识应用在生活中。我们只知道要怎么样，却做不出来。因为我们不讲究方法。其实，**我们只要从自己做起，孩子自然就懂了**。

我们告诉孩子，你要爱护身体，不能生病，你生病了我只是辛苦一些而已，但是这会让祖父母非常担心，我们不能让老人家担心，就够了。你心中时时刻刻有父母，你的子女心中也一定有你。孩子心中有父母，那他出去，敢乱说话吗？他出去，首先想到的就是我说这句话，人家会不会骂我爸爸，人家会不会揍我妈妈。

而且，他心中有父母，出去工作时，他的心目当中也会有主管、有长官，他不敢跟他们平起平坐。我问过很多公司的高级主管，我说你对你的干部、你的员工，最大的要求是什么？他们当中没有一个人说是能力，因为这些中国人都不在乎，中国人只在乎他心里有没有我。他心中有我，他的话我敢听，我敢相信；他心中没有我，他越能干我越得提防他。有能力好不好？看他心中有没有你。他心中有你，他胳膊肘向你弯，有能力好；他心中没有你，他胳膊肘向外弯，如果他有能力，那你就完了。

心中有父母，其实是我们家风网络里面最重要的一个纽带。那个纽带一旦破灭，整个网络就都完了。这样我们才知道什么叫作“天地君亲师”，就是说老师最大的使命，就是让学生心目当中先有

“亲”，要有父母的存在。有了父母的存在，然后再到“君”，有主管的存在，最后才会有天地的存在。而且，一个人只要时时刻刻想着自己的父母，不管是衣食父母，还是养育父母，他就会有更大的天地。如果没有天地，君跟亲都是不存在的。这就告诉我们，我们一辈子都不要忘本，也不要只用嘴巴讲感恩。

智慧拓展

“天地君亲师”是中国民间祭祀的对象。旧时民间多设一“天地君亲师”的牌位或条幅供奉于中堂。为古代祭天地、祭祖、祭圣贤等民间祭祀的综合。祭天地源于自然崇拜，中国古代以天为至上神，以地配天，化育万物，祭天地有顺服天意、感谢造化之意。祭祀君王源于君权神授观念。由于在封建社会君王是国家的象征，故祭祀君王也有祈求国泰民安之意。祭亲也就是祭祖。

现在很多人总是嘴上说感恩，但是真正在心里感恩的却很少。对于这些人，感恩就只是口头禅，是不切实际的。真正心里头有感恩之心的人大多不会说出来。不相信的话，你去跟你的老板说说看，你说：“老板，我心里有你。”你的老板肯定不说话。这句话能讲吗？讲了就不可靠了。如果是他自己感觉到你心里有他，他会相信你。你说出来，就是说一百遍，他也不会相信。他会觉得，你干吗忽然说这个，可见你心里不是真的有我。

所以，一些人老把中国人当西方人看待，这就是我们的天下不是很安宁的最主要原因。太多人不了解“根本”，就妄加议论，才使得我们的社会很难快速地走上轨道。因此，家风如何把孝道恢复，把孝道重振起来，这是最要紧的。

第六集　婚姻，爱情的开始

——男女交往，要看现代八字

婚姻

· 中国人结婚是两家人的事，不是两个人的事。

· 西方人找对象是只要自己喜欢就可以，中国人要全家人都喜欢。

· 西方男女之间的婚恋大多是出于好奇，他一点儿也不关怀她；而我们中国人是彼此关怀的，我们要的是彼此关怀一辈子，而不是一时的好奇。

· 找对象不是找现在的，是找以后的。

· 人最好是一生不要后悔，实在做不到，也要在后悔的时候来得及补救。

· 男孩子不可以等女孩子来追！

· 我们教女儿跟教儿子应该是不一样的教法。

· 八字就是两个人的价值观，两个人的金钱观，两个人的人生观。

· 千万不要认为婚姻是爱情的坟墓，婚姻才是爱情的开始。

家庭，首先是由一对男女结成夫妻而组成的，你找到一个什么样的伴侣，也就决定了你将拥有一个什么样的家庭，所以自古以来，人们都把婚姻当成“人生的大事”。怎样才能找到可以相伴一生的人组成家庭？年轻男女在谈恋爱的阶段，都需要注意些什么？父母对于男孩和女孩的教育，又应该有哪些不同呢？

第六集　婚姻，爱情的开始
——男女交往，要看现代八字

“五伦”从夫妇开始，家风必须要靠夫妇两个人齐心协力来营造发展，可见婚姻是人生的大事，但是我们多半是等闲视之，这不是很可笑吗？很多三四十岁的女同胞都会跟我讲这种事情，她说读大学的时候，爸妈都说你要好好读书，千万不要谈恋爱，太早谈恋爱不好。我听了，没有谈。一晃大学毕业了，他们又说，你要赶快找个男朋友啊，不找就太迟了。她说难道我到街上随便去捡一个吗？其实，她说出来的都是她亲身经历的痛苦，就是**父母只知道禁止跟催促，很少去辅导她，才会造成她今天的痛苦**。我们以前有媒妁之言，有父母之命，还有很多热心的人来促成婚姻，可现在没有了。现在我们像西方人那样，提倡自由恋爱，于是就造成了今天的局面。

我们先看一看男女为什么有别。在婚姻这件事情上，男女之间的差别是最显著的。因为**男人的第一关是金钱关，但是女人的第一关不是金钱关，是情关**。大家想想看，我们讲到“情窦初开”的时候，很少指男孩子，因为男孩子要拼事业，要有前途，要养家糊口！你这个时候凭什么去谈爱情呢？你不要连累了人家，不要害了人家。我们都是这样教育男孩子的，你没有能力，你养不起家，你好意思追人家吗？

那为什么女孩子的第一关是情关？因为**男孩子的适婚年龄比较长**，一个男人就算到了三十二岁、三十三岁、三十四岁结婚，也还不算晚。我为什么没有讲三十五岁？因为一到三十五岁就会拖到四十岁，**三十六岁到四十岁这五年是很难结婚的**。可是，女人就不一样了，**女人的适婚年龄非常短**，是从二十四岁到二十八岁。女人一般二十四岁才离开学校，踏入社会，有的甚至还晚，还在读博士。我建议，**你要读博士，最好先结婚，否则就很难找到适合的对象了！学历越高，越难找到合适的丈夫**。这种事例我们随时都可以看到。大家到博士班看看就知道了，几乎每个人都已经成家了，要不然就都有女朋友了。

女人到了二十八岁以后越来越难嫁，进入三十岁只好说，我本来就是独身主义，用以安慰自己。那你为什么要使自己走上这条路呢？你为什么不能提前安排呢？所以，家风里面要把婚姻当作一件重大的事情，必须要有步骤、有方法地去实现。

我们既然受西方的影响那么严重，就应该花一点儿时间来做个比较：西方人对婚姻是什么看法？我们中国人对婚姻又是什么看法？搞清楚以后，你要走哪条路，我都尊重，因为你必须要“自作自受”。

在西方，婚姻是一男一女两个人的事情，所以他们可以打得火热，可以不让父母知道，甚至结婚也可以不通知父母。中国人可以吗？**中国人结婚是两家人的事，不是两个人的事**。其实，今天中国的父母已经很悲哀了，都是被告知“我要结婚了，你们赶快准备吧”。要知道，**子女不可以“告知”父母**，因为这样你就太不尊重他们了！现在很多人的婚礼，父母只有坐在那里唉声叹气、任由摆布的份儿。更妙的还有请外人来当主婚人，真是怪事连天！**主婚人永远都应该是自己的父母**，外人怎么敢当你的主婚人？被请当主婚人的人，竟然还敢答应，这不是很奇怪吗？这就代表你心中没有父母，你觉得你比父母有办法，你爱结婚就结婚，你爱找谁就找谁，你请父母来还是给他们面子，他们不来就算了。能这样吗？

西方人找对象是只要自己喜欢就可以，中国人才要全家人都喜欢。以前一个男孩子要找对象，看来看去先想这个女孩他父母会不会喜欢，甚至还会想他姑姑对这个女孩有没有意见。外国人哪里会这个样子？我们现在认为只要喜欢有什么不可以？那你去做西方人好了！将来你会有一个问题很难处理。不要因为娶了一个女孩，全家都跟你合不来；不要因为娶了一个女孩，你所有的朋友都离开你。我看过很多这样的事情。但现在的年轻人有几个会想这么多？都是以后再说。现在离婚率这么高，就是我们有个非常可怕的观念，觉得先结婚嘛，不合再离呗！那算是婚姻吗？那算是人生大事吗？就这一个观念，离婚率就高了。中国以前的离婚率非常低，现在就是受西方电影的影响，才会觉得“只要曾经拥有，不在乎天长地久”。

现在大多数年轻人，无论是找对象还是举办婚礼，都更崇尚西方的方式，认为中国传统的婚恋方式，是保守的，是落后的。事实真的是这样吗？西方人对于婚姻的态度，和中国传统的婚姻观念，都有哪些不同呢？

西方男女之间的婚恋大多是出于好奇，他一点儿也不关怀她；而我们中国人是彼此关怀的，我们要的是彼此关怀一辈子，而不是一时的好奇。我在大学教书很多年，我的学生中有很多年轻的女孩子，她们因为没有办法了，就跑来问我，说她们的男朋友给她们下了最后通牒，如果不跟他发生性关系，他就要跑掉了。我说："好！你问问你的男朋友，他对你到底是怎样的情感？你就跟他说英文好了，因为他是纯粹的西方思维，就是好奇。你告诉他，所有女人都一样，没有什么好奇的！如果他对你是关怀，那就等到结婚后再说吧。"效果怎么样？效果很好！因为一句话就点醒他了。你要好奇那你就找别人，你若是关怀我，结婚后再说。

我们现在就是抓不到重点，所以才无法跟人家沟通。抓不到重点，你讲了半天都是没有用的。西方人是另外一种思维，所以他随时可以说"我不爱你了""我曾经爱过你，但现在我不爱你了""我越来越无法跟你相处了"，他可以这样讲。中国人本来是不可以这样讲的，但是现在学西方人，把这个也变成了流行。这不是进步，完全是大退步。尤其我要提醒一句：**离婚对女性是非常不利的，因为女性的适婚年龄和生育年龄都非常短。**

男性跟"八"有关，这就是为什么孩子要叫"爸爸"；女性跟"七"有关，所以丈夫才称其为"妻子"。二八一十六，男性十六岁性就成熟了，所以十五岁以前有小孩儿那都是人家诬赖他。女性二七一十四，十四岁后她就可以怀孕了。男女之间差两岁。但是后面就差得挺远的。男性的生育期，八八六十四岁，他到六十四岁还可以生小孩儿。所以，他就算晚婚还是可以生小孩儿；女性七七四十九，四十九岁就停经了，没法再生了。当然，现在科学很发达，可以用很多方式，但是那毕竟不是一般人所喜欢的。像这些具体的数字，大家要好好做参考。

男女在婚姻中的差异

男	女
第一关　金钱关	第一关　爱情关
适婚年龄长（到34岁）	适婚年龄短（24~28岁）
生产期长（到64岁）	生产期短（到49岁）

西方流行一夜情，这在中国是很丢脸的事情，谁都不敢讲。现在有一些人在电视上捧着大肚子，说："我要结婚了！"这在以前就是丢人现眼，但现在因为媒体的传播，把它弄得好像天下奇观一样。这是传播界不应该做的事情。你为了新奇，为了博取观众的眼球，就使很多年轻人被误导，破坏了社会风气。这样的节目，收视率越高，造孽越深。

中西方婚恋观对比

西　方	中　国
婚姻是两个人的事	婚姻是两家人的大事
只要自己喜欢，有什么不可以	要双方家长都喜欢，才长久
不喜欢时可离婚	离婚造成两家人都没面子
恋爱出于好奇心	恋爱源于彼此关怀
把爱挂在口头上	凡轻诺者必寡信
被爱冲昏了头	女人最怕昏头，要相信自己的感觉
一夜情流行	不轻易以身相许
不在乎维持多久	白头偕老才是人间美事
老人的坟场	有老伴，还有贤孝子孙
不做长期计划（5~10年）	必做长期计划（百年以上）

西方就是因为这种恋爱观，所以变成了“老人的坟场”。西方的老人是非常辛苦的，男人还好一点儿。我们常常看到西方人，七八十岁了，还跟年轻的小姑娘结婚。他带她出去，向别人介绍：“这是我的新婚妻子。”他可以。中国人就不敢带出去，为什么？人家一看，你孙女都这么高了，那你的脸往哪里搁啊？我们中国人有一句古话，大家一定要记住：“**百年修得同船渡，千年修得共枕眠。**”渡河的时候我们同坐一条船，这是百年修来的福气；夫妻能睡同一张床铺，需要千年的修行，才有这样的福气。

智慧拓展

摇船摇过断桥边，月老祠堂在眼前。
十世修来同船渡，百世修来共枕眠。

——《义妖传》

一日夫妻，百世姻缘。
百世修来同船渡，千世修来共枕眠。

——《增广贤文》

痴心女子千千万，负意郎君万万千。
百世修来同船渡，千世修来共枕眠。

——《中华圣贤经》

大家想想看，我们家里面的人，几乎人人都有血统关系。兄弟有血统关系，父子有血统关系……但是，有血统关系的人通常都不能住同一个房间，睡同一张床铺。而睡在你旁边的这个人，却是这个家里面唯一跟你没有血统关系的人。这不很奇怪吗？照理说她最可怕！别人都不可怕，因为都是有血统关系的，他们不会杀你。她呢？半夜你醒过来，发现她拿把刀子，你就完了！那我们怎么会做这样的安排呢？因为，我们的婚姻有一个核心价值观，但是现在的人几乎都忘光了。叫作什么？**不求富也不求贵，但求相偕到白头**。把它归纳成一句话，叫作**少年夫妻老来伴**。人的少年时期是很短的。你看性生活，女人只到七七四十九，男人只到八八六十四，后面的时间就都是做伴了。你后面找谁做伴？谁都不愿意跟你做伴，除非你们曾经同甘共苦过，否则人家陪伴你干什么呢？

当然了，你若有钱的话，或许也可以找个人来做伴，但那种感情不是真的。说不定她每天给你下点儿慢性毒药，让你得慢性病死了，然后就把你的财产抢光。**晚年一定要过得好一点儿**，这才叫长远的打算。因为年轻力壮的时候受点儿苦无所谓，可到了老年你是经不起的，那时候你比较脆弱。而且，那些年轻的女孩子，如果她是荒唐的女孩子的话，那她的对象多半是老人家。因为老人家有积蓄，容易被迷惑，两三下到手就把他干掉了。要不然怎么会有黑店？怎么会有黑寡妇？

所以，把整个事情都了解清楚后，你就知道，**找对象不是找现在的，是找以后的**。到了四五十岁就离婚了，后半辈子怎么办？你去找谁？“上天有好生之德”就是指人会老，就是提醒我们，年轻的时候要替晚年着想。这才叫长远的打算。所以，为什么要存积蓄？为什么要广结善缘？为什么要多做善事？为什么要趁年轻，最起码有一个可以躲风雨的房子？为什么要有子女？都是因为有一天你会老啊！

所谓现代的婚恋观念认为，婚姻只是两个人的事，高兴就结，不高兴就离，有的人甚至视婚姻为儿戏。婚姻真的只是两个人的事吗？为什么在中华道统文化中，认为婚姻是人生的头等大事呢？

以前的人把钱都放在家里，还省事一点儿。现在我们的钱都要放在银行里，你去银行提款，首先要输密码。我看过很多老人家，他们去银行十分困难，只能坐个轮椅去，可他们不敢把密码告诉身边的任何人。因为你一旦把密码告诉他，就是帮助他做坏事，他就会想办法把你的钱提光，然后跑掉。你去告他有什么用？告赢了又怎么样？你现在身体情况还不错，还能坐着轮椅过来，东看西转，然后输密码输半天。可是过不了多久，你连密码都输不了了，怎么办？那时候你就会觉得，还是有孩子好！但已经来不及了。**人最好是一生不要后悔，实在做不到，也要在后悔的时候来得及补救。**最惨的是，既后悔又没有办法补救，那就只能认了。还能怎么样？这种事越来越多，只是当事人自己不知觉而已。

婚姻为什么是人生大事，因为它跟你的一生都有关系，不是一阵子。这样我们才知道，为什么我们结婚的时候，都是以父母为主，而不是以当事人为主。

我结婚那一天，我一生也不会忘记。因为我的妈妈是一个很讲生活规律的人，我们平常几点钟吃饭，差不多都是固定的，所以我就养成了一到中午十二点不吃饭，就好像很饿的习惯。我结婚那天下午，客人们都走了，我爸爸就问我："你今天觉得怎么样？"我说"爸爸妈妈"，我不敢说"你"，我们那时候不敢对长辈说"你"。我说："爸爸妈妈太费心了。"他说："你不用太客气。你就告诉我，你的想法是什么？”我就说：“我肚子好饿。”他说：“我是故意让你饿肚子的！”我问：“爸爸是故意的？为什么？”他说：“我就是要告诉你，结婚不是一件很轻松的事情，所以你一辈子结一次就够了，不要想第二次，除非你想再饿一次。”

现在的婚礼不是这样，现在的婚礼很快乐，新郎、新娘是主角，离了再来一次也没什么。父母不懂，子女不懂，最后赚钱的都是那些做婚礼策划的人。这是常态。

有一次我去参加一个婚礼，那家的女儿要出嫁了，爸爸挽着她很体面地出来，说：“准女婿，我的女儿是我的宝贝，今天我就把她交给你了，你要尽到你的责任！”有个事情大家要想一想：男方的父亲坐在那里，他听了这些话，心里是什么感觉？他肯定在心里想：今天这个婚礼是男方办的还是女方办的？你竟然在那里耀武扬威，当众教训我的儿子？我没有教训你的女儿就不错了！结婚那一天常常就是两家恩怨的开始。

我问过很多人，我说你嫁女儿，你有权利挽着你的女儿把她交给新郎吗？他说我们看外国人是这样做的。我说外国人是这样没错，但你知道外国人为什么可以这样做吗？几乎没有人知道。在美国结婚，是女方出所有的费用。我嫁女儿时我出所有的费用，我当然可以挽着她告诉你，今天的钱都是我出的，你要对她负责任！在中国是男方出钱，女方在这里放肆，放肆给谁看？我们就是完全搞不清楚“根本”，只学到些皮毛。

还有更“妙”的，在婚礼上，司仪竟然说：“现在，新郎、新娘面对面。请问新郎，你愿意娶新娘为妻吗？”只有两种人有资格问这种话，一种是法官，一种是神职人员。你一个小小的司仪，可以问这种话吗？完全是出钱让人家糟蹋你们，糟蹋两家啊！都是胡闹！

智慧拓展

中西方婚俗差异

1.地点差异

中国人的婚礼讲究隆重、热闹，多是请亲朋好友到酒店或宾馆为新人做见证。排场一般都会比较大，凸显婚礼的隆重和热闹。

西方人的婚礼讲究庄重、浪漫和圣洁。一般选择在教堂或其他比较安静的地方举行，婚礼环节井井有条。

2.着装差异

中国人的婚礼离不开红色，历朝历代的婚服颜色均以大红色为主，以示喜庆，预示新人未来的生活蒸蒸日上、美满幸福。婚礼当天，新娘一般头盖蒙面，象征着童贞、年轻和纯洁。结婚后头盖由新郎亲手揭开。

西方的新娘一般都穿着白色礼服。白色在西方不仅象征着欢庆、富贵，更代表着纯洁。西方人认为白色与童贞有关。

还有一点，也跟婚姻关系甚密。**男孩子不可以等女孩子来追！**凡是敢追男孩子的女孩子，你不要惹，她是很可怕的。她今天可以追你，明天也可以追别人！你娶了这样的女孩子，那你天天上班都要想，我太太有没有去追别人啊。那你怎么工作呢？

为什么说没有内顾之忧，就是说我的太太很安分。“男追女隔座山”，当中隔着一座山；“女追男隔层纱”，当中只有一层薄纱。这就是我们为什么规定只能男追女，不能女追男。男追女，你追上了，结婚了，你就要负责任。你一提出离婚，女方会说，当初是你追我的，不然我才不会嫁给你。她可以教训你。可现在是女追男，他要离婚，你说什么？当初我本来就不太喜欢你，是因为你猛追，我一时糊涂，就跟你结婚了，现在我终于清醒了，拜拜。几句话就让你无话可说。谁受此辱啊？

在中国传统观念中，对于男孩和女孩的教育和要求是完全不同的，而现代社会对于男女平等观念的误解，造成了对男孩、女孩性别教育的缺位，这也是导致现代家庭离婚率越来越高的原因之一。那么我们如何用不同的方法来教育男孩和女孩呢？

我们教女儿跟教儿子应该是不一样的教法。教女儿你要告诉她，你的态度不能太随便，一随便就没有人敢要你了。你要矜持一点儿。你自己要有个标准，我们家要找的女婿是哪一类型的，你要事先想好，然后试试这个人，是不是你想要的类型。这个工作要在什么时候完成？在大学四年。那四年是让你看这个的。所以，那时候你不能一对一跟任何男孩子出去。尤其是到国外去留学的女孩，我告诉你，统计结果表明，凡是灌你酒，最后对你进行性侵犯的，多半都是熟悉的同学。所以在大学里面，你要多参加社团，在社团里面，你跟每一个异性都要保持安全距离。但是你要仔细去看，如果觉得这个人应该是适合你们家的，那你就再试试看，看他跟你是不是有话题可讲。

这时候你就要开始算八字了。很多人听到算八字，就会认为这是什么老古董啊，其实是因为他根本不懂什么叫八字。我们算的是21世纪的八字！现在很多男女交往，整天去看电影，整天游山玩水，到结婚才知道完全不对劲，那你前面那段时间干什么去了？

男女之间不能说“我们两个去算算八字，合适我们再交往”，那笑死人了。所以，最好的办法是什么？就是你在参加社团活动的时候，两个人讲话不要讲些没有用的。你可以说：“哎，那边有一个幼儿园，你去参观过吗？”他说：“有啊！我只要有空，就去那边做义工，我跟小孩子相处得可好了。”这样你就知道他是喜欢小孩儿的。“哎呀，我看到小孩子就头大，我根本就没去过那里。”你就知道他不喜欢小孩儿。

你为什么不能试着去了解这些事情呢？**第一，对金钱的观念。第二，势利眼吗？第三，喜欢小孩儿吗？**有一对夫妻结婚五年，先生想尽办法想生小孩儿，此时太太才说，我没有结婚以前就决定这辈子不生小孩儿。为什么要到了这个时候才知道呢？你婚前就该知道的。

最好的方法是看他眼睛的反应。男女朋友交往，男孩说：“我这个表哪里来的，你知道吗？是我在香港的姑姑送的。我没想到她竟然会送我这么名贵的表。”然后你忽然间看到，她的整个眼神都不一样了，你就知道这个家伙爱钱如命。你为什么不能试呢？这就叫八字。**八字就是两个人的价值观，两个人的金钱观，两个人的人生观。**

最后，一定要亲自去看看对方的家长。男孩子要看看女方的妈妈，因为过不了几年，她就跟她妈妈一样了。如果她妈妈刚进门就叨唠个没完，赶快跑吧，不然你将来就逃不掉了。女孩子要到男孩子家去看看他的爸爸，因为过几年他就跟他爸爸一模一样了。他的爸爸在家里都要官腔，看见谁都是这样，那你受这个罪干什么，那时候如果来得及就赶快逃吧！

《易经》里面有个“咸卦”，就讲得非常清楚。作为父母，可以借着解释卦的机会告诉他，你要经历这个过程了。那个过程以前叫作“父母之命，媒妁之言”，现在有新的解释了，但道理是一样的。结婚那一天，就是人生最可怕的开始，所以要事先充分地准备，男孩、女孩都要上轨道，使得结婚那一天两家能够成功地交融，这个才叫婚姻。**千万不要认为婚姻是爱情的坟墓，那是胡说八道的，你绝对不要听，婚姻才是爱情的开始**。因为婚姻是要经营的，没有经营的婚姻是非常不可靠的，也是不可能长期维持的。

追根溯源

“父母之命，媒妁之言”是西周春秋时期婚姻礼仪的一道程序。用当时的话来说，就是“娶妻如之何，必告父母……娶妻如之何，非媒不得。”（出自《诗·齐风·南山》）

在人们的印象中，媒人是沟通男女双方的媒介，“男女双方非媒不知名”（出自《礼记·曲礼》），为中国古代的通例。在先秦的史书及典籍中，就有大量与此有关的记载。

第七集　帮助孩子树立正确的金钱观

——先学花钱，再学挣钱

金钱观

·一个人要先学会怎样花钱，才能学会怎样赚钱。

·谁都担保不了明天的事情。一天一天累积起来的才扎实。答应得快的人，经常都不会兑现诺言。

·爱的教育就是给他合理的限制。

·当我们进入社会开始赚钱，一定要定期、定量地奉养父母，不管父母多有钱，哪怕父母可以补贴你。

·任何事情，都要事先有一个比较周全的思虑，这样后面就会减少很多问题。

·钱永远不是主人，只有人才是主人。

·人不能迷任何事，金钱、货品、艺术品、宗教，没有一样是可以迷的。

·生活中，我们应该懂得随时“刹车”。

俗话说，富不过三代，就是警告人们，如果没有正确的金钱观，万贯家财也会被子孙败光。金钱观，不仅是人生的第一关，也是中国式家风重要的组成部分。所以，在孩子很小的时候，就要开始教育他树立正确的金钱观。什么是正确的金钱观？怎样教育孩子学会花钱？当孩子有能力挣钱时，又该注意些什么呢？

第七集　帮助孩子树立正确的金钱观
——先学花钱，再学挣钱

人类做的最可笑的事情，就是为了自己生活上的便利，去创造某些工具，可是当这些工具被创造出来以后，我们却很快变成了这些工具的奴隶。比如钱，是我们拿来用作货物交换的一种工具。以前没有钱的时候，我们是以货易货，那时候比较麻烦的是，经常无法评估货品的价值；有了钱以后就方便多了，你可以定价，我可以出价，我愿意我就付这个钱，一切都化解了。但是，现在的人却离不开金钱，而且已经变成了金钱的奴隶。比如坐飞机的时候，就算在头等舱，里面的人基本上都已经有了一定的社会地位，可他们的谈话从头到尾都离不开钱。那就是人生的第一关都过不了。

我们把电脑开发出来，就变成电脑的奴隶；我们把手机玩熟了，就变成手机的奴隶。我们真应该好好想一想，其实应该是我们把这些工具当奴隶才对，不应该是它们做主，而我们变成它们的奴隶。所以，在我们的家风里面，金钱观是一个非常重要的课题。**金钱观一定要从儿童时期开始培养**。

典型案例

你是否总把手机放在身上，如果没带就会感到心烦意乱，无法做其他事情？当一段时间手机铃声不响，你会不会感到不适应，并下意识地看一下手机是否有未接电话？你会不会总有“我的手机铃声响了”的幻觉，甚至经常把别人的手机铃声，当作自己的手机在响？……

以上就是手机依赖症的一些表现。手机依赖症是一种新型心理疾病，尤其青睐青年白领女性、工作压力重的中年男性和学生三类人。随着手机普及率的快速提升，越来越多的人发现自己已经无法离开手机，哪怕只是一会儿不见，也会魂不守舍、坐立不安。高科技在给人们带来沟通便捷的同时，也将一种新鲜病——手机依赖症“捆绑销售”给了现代人。

我曾经遇到过一家人，他们家的孩子才十五岁，就跟他父母讲，我不想读书了，父母怎么劝都没有用，就来问我怎么办。我说你们把他带来吧，我问他，你们在一旁听着。孩子来了以后我就请他坐下来，我问他：“你今年几岁啊？”他说：“我十五岁了。”我说：“十五岁，人家都在读书，为什么你不读呢？”他说：“读书没有用，我为什么要读？”我说：“你怎么知道读书没有用呢？”他说：“读书就是为了赚钱嘛，我不必赚钱，那我读书干吗？”他讲得非常有道理。我说：“你这么年轻，就知道自己不必赚钱吗？”他说：“是啊，我父母有的是钱，我花都花不完，我怕什么？我不要读书，因为我不必赚钱。”他说的时候，他的父母一直躲在旁边听。我说：“你父母也没有多少钱啊。”他说：“我不管，如果没有钱，他们到银行去领就有了。”

还有一个案例，孩子年龄更小。父母带孩子到玩具店，孩子要买玩具，父母没有满足他，他就哭，甚至坐在地上闹。孩子也是无师自通的，他知道他一闹，父母就会没有面子，就只好把玩具买给他。这一招真的很管用，他的父母立刻拿他没有办法了。我就把那个孩子叫过来，说："你一哭，你爸妈就有钱了吗？"他说："当然。"我问："为什么呢？"他说："他们有张小卡片，那张卡片一插进去，钱就出来了。"

讲到这里，我想提醒各位家长，当你带孩子去银行提款的时候，你要告诉他，这张卡不是钱，我再怎么插也没有钱；我现在插之所以有钱，是因为我之前把钱都存在了这里面。钱是很难赚的。这些你为什么不教他呢？是你给他造成那种假象，让他以为只要把卡片插进去，钱就会出来。而且他还会觉得，你有钱，却舍不得给我花，那你还说你疼我？根本就是假的！

典型案例

李先生带5岁的儿子出去玩，路上，父子俩经过一个停工的工地。儿子就问爸爸这里为什么停工，爸爸随口敷衍道："可能是因为资金不够吧。"结果儿子竟然对爸爸说："爸爸，我们家这么有钱，我们给他们点儿钱，让他们赶紧修好吧。"李先生听后十分惊讶。

家长有责任教导孩子拥有正确的金钱观念。问题是，现在连家长自身的金钱观念都是不正确的。我们有一句话，从过去传到现在，很多人还可以把它背得很完整，叫什么？**舍得，舍得，有舍才有得；多舍多得，少舍少得，不舍不得。**谁都会背。可背下来有没有用？没有用。因为到时候你就会舍不得了，一舍不得就会后患无穷。口口声声说钱财是身外之物，但是连一毛钱都舍不得，那就是典型的守财奴。你问他为什么，他说我要把钱留给子孙。我请问你，你把钱留给子孙，是为他好还是不为他好？其实有些有钱人也不是自私，他不是为自己，而是因为自己受苦太多了，不希望他的子孙像他这样受苦，所以他想给他们留一笔钱，让他们有个比较高的起点。这很好的！站在巨人的肩膀上出发，多神气呀，但是真的会这样吗？

这里面涉及一个度的问题。你给他留合理的钱数，他知道我有这些钱，我要爱惜，我可以用这些钱当作垫脚石，让自己有更好的发展，他知道只有自己有更好的发展，才对得起父母。这当然是好事。而如果你给他留过多的钱，他会认为我有这么多钱，我还怕什么？用完再说嘛。我们经常听到一句话：**一个人要先学会怎样花钱，才能学会怎样赚钱**。可很多人都听不懂，他们认为，钱都还没赚进来，怎么学花钱。其实，**金钱观就是先教孩子怎么花钱**。如果从小为孩子树立正确的金钱观，让他知道怎么花钱才合理，长大以后他所赚来的钱，一般都不会是不义之钱，而且他也不会变成守财奴。

金钱关，是人生的第一关，也是中国式家风的重要组成部分。因为，没有好的家风，家里就会出败家子。那么，什么是正确的金钱观？我们应该怎样帮助孩子树立正确的金钱观？又应该用什么方法，才可以教会孩子正确地花钱呢？

帮助孩子树立正确的金钱观有个过程，这个过程我们把它归纳成三个要点。

第一，德本财末。家长要在孩子小的时候就告诉他，你这一生**德是根本，有钱没钱那是末节**。为什么？因为你品德好，钱越多越好；你品德不好，钱越多越倒霉。品德好的人，有再多的钱，他都不会乱来，他知道怎么花，有时怎么花是很重要的；品德不好的人，他没有钱，一般不会做坏事，可他若有了钱，就很容易做坏事，就会把家风败坏掉了。

怎样才能够在孩子小的时候，就告诉他德本财末呢？这要用具体的方法。比如，小孩子最喜欢的是什么？玩具。你带他去玩具店的时候，你就要问他："我们现在要去玩具店，你想不想买玩具？"如果孩子说不想，你会不会觉得紧张？会不会觉得这孩子有点儿反常？那你要问他："为什么不想呢？"我们跟孩子互动就是靠这个。他会回答说："现在的玩具都有毒。"那你问他："你怎么知道的？"他说："电视上都讲了，网络上都传了。"这个时候，我们做家长的就要给孩子信心，我们要告诉他："哦，原来是这样。但他们会改进的，等他们改进以后我们再买，好不好？"你这样说，孩子应该会很开心的。

另外一种情况："你想不想买玩具？""不想。""为什么？""因为我已经大了，我要好好读书。""嗯，很不错。不过读书归读书，玩具还是可以买的。"

最后一种情况。"你想不想买玩具？""不想！""为什么不想呢？""因为你买给我其实都是假的，最后你都拿去送给别人了。"孩子是会讲出真心话的。你是利用他，看他喜欢玩，就觉得别的孩子也肯定喜欢玩，于是就把这个玩具赶快送给你想巴结的人。那这个大人太阴险、太恶毒了。

前面两种方式才叫教育，而不是天天跟他开玩笑，天天陪他打滚儿。让自己跟小孩儿一样玩，那就不像大人了。孩子说他要买玩具，你要问他："可以，那你打算买几件？""三件。""三件太多了。""为什么？""因为我们家里的花销是有计划的，你把钱通通买了那些玩具，我们别的地方就不够用了，你不可以这样子。"你从小就要告诉他，家里的钱，每个人只能用一部分，你不能把全部的钱都当作是你的，爱怎么花就怎么花。

作为家长，从小就要培养孩子金钱的观念，要告诉他，你品德越好，我们就越放心给你更多的钱，因为这样我们相信你会好好利用。大家看，重点是在"用"，而不是在"赚"。现在的人满脑子都是赚钱，而会用钱的人却少之又少，很多人都是乱用，越有钱越乱用。大家观察自己周边，有些人一有钱就不知道该怎么做了，该做的他不做，不该做的做了一大堆，给后面埋下了很大的隐患。

第二，爱一定要有限。很多人只讲"爱的教育"，却不知道"有限的教育"。爱而不限就变恨。**爱极生恨**。**任何事情必须要有一个合理度**。这个合理度就叫作限度。限度就是限。比如，男女交朋友的时候，男孩子在大街上东张西望的，嘴里叨唠着"那个女孩好漂亮啊"，这个时候旁边的女孩子若没有什么表现，就表示这两个人之间根本没有爱情。你连这个都不限制他，有什么爱情？男孩子东张西望，女孩子说："那个女孩很漂亮，是不是？"他说："是啊，我从来没见过这么漂亮的女孩。"女孩子说："那你去找她聊聊天吧！"结果他真的去了，那你说这个人可靠吗？所以，那个限，是随时要放在心里头的。

"恒"这个字，左边是"心"，右边是"一""日"，叫作一日恒。这样大家才明白，为什么中国人不太讲“我爱你”。因为我们有《易经》。“我爱你。”“爱多久？”“爱你到海枯石烂。”那一定是假的。为什么？因为你不可能活那么久，你在开空头支票。“我爱你。”“爱多久？”“今天我爱你。”“那你明天就不爱了吗？”“明天再说。”这个人是实在的。因为**谁都担保不了明天的事情。一天一天累积起来的才扎实。答应得快的人，经常都不会兑现诺言。老把“我爱你”挂在口头上的人，是最不可靠的**。现在很多人没有这种理念，老觉得外国人都可以讲，我们怎么不能讲。不能讲自然有不能讲的道理。

智慧拓展

《易经》中有一个恒卦。《杂卦传》写得很清楚：恒，久也。为什么恒要久呢？因为恒要靠培养。想想看，一个人要有恒心就很难。我们常常讲，有恒乃成功之母。很多人之所以不会成功，就是因为没有恒心。今天喜欢做一做，明天就丢掉了，后天就忘记了，然后又找新的，这样的人一辈子都不会有很稳定的事业。

长期以来，我们对“恒”存在一个很严重的错误认知，就是要很稳，不能动，不能变，才叫恒。这种理解是不对的。我们一定要知道，没有变化，大家就会厌倦，一旦厌倦，就不可能恒久。所以不可以不久也，就必须要有合理的变化。

我们是不可能不爱钱的。哪有不爱钱的人？说难听一点儿，不爱钱就是不求上进。

但是，爱钱要有限度。就是说合理的钱，你才可以要；**不义之财**

绝对不能要。什么钱都要的话，这个人就没救了。**生活中，我们应该懂得随时“刹车”**，否则的话，非出事不可。

很多人开车，从山上往山下走的时候，经常有个坏习惯，就是踩空挡，让车自然滑坡，因为可以省油。但是，如果你临时需要刹车，却刹不住，怎么办？很多事情都跟车子一样，事先要先看看刹车灵不灵。而且刹车也是有技巧的，遇到情况时，你一脚刹下去，它肯定是刹不住的。刹车一定是要分两个阶段才能刹得住，第一个阶段，轻轻地踩刹车；第二个阶段，用力一踩，它就刹住了。但是，分两个阶段就必须要有足够的时间。一脚刹下去，它刹不住，刹不住就闯祸了。这个道理大家应该都懂。

这个“限”是我们从小就要教给孩子的。你要告诉他，**不义之财是魔鬼给你的钱，一旦要了，魔鬼就会控制你，你心里就会有贼，那叫“心中之贼”。心中之贼是一辈子都去不掉的**。他就懂了。**爱的教育就是给他合理的限制**。

我们有时候不太愿意讲这种话，因为听起来不舒服。可是，爱经常会宠坏了孩子，那个恶果是非常可怕的。而造成此恶果的原因就是没有限度。所以，为什么孩子要管得严一点儿。你从小就放纵他，以后再想把他约束住，很难；如果从小就约束他，越大越给他放松一点儿，他就会觉得很自由。这叫家风。

第三，阶段性的调整。我们从小就要培养孩子对金钱的概念，告诉他钱不能随便动，如果要用，也要经过家长的同意，才可以。更不能私自拿家里的钱出去买东西。他问你：“为什么？”你要告诉他：“那样太可怕了。因为你买的东西不一定能吃，不一定能用。而且人家看到你手上有钱，一看你身边没有大人，说不定就把你给抱走了。”你要让他有这种警觉性，让他有危机感。这就是我们中国人说的忧患意识。**我们要给孩子从小建立忧患意识**。你没有钱人家不会抢你，没有钱人家抢你干吗？所以，这就是我们要从小告诉孩子**钱不露白**的原因。我们要告诉孩子，你不能随便跟人家说我家有的是钱，我家有好几根金条，因为这样的话人家就会来打我们的主意。

典型案例

小学生小帆家庭条件优越，父亲给他买了一部价值一万多元的高档手机。拿到手机后，小帆总时不时在同学面前炫耀。社会少年李某和王某得知后，在小帆回家的路上，将其拦下，用暴力威胁将手机抢走。事后，小帆担心被报复，用500元压岁钱，雇了一个17岁的少年保镖来保护自己。几天后，李某二人对小帆表示，“想要回手机拿3000元，算是保护费”，如果不交钱，就用烟头烫小帆。第二天，小帆从家里偷出3000元，交给了李某和王某。小帆的父母得知情况后报了警，李某和王某才被警方控制。

孩子进入小学以后，家长可以适当给孩子一些零用钱，给多少，家长自己决定，但是必须要求他每天回来跟你们报告钱是怎么花的。我们从小就要教会孩子怎么花钱。中学以后，家长再给孩子零用钱，就要告诉孩子，这些钱你自己决定怎么花，不够再说，有剩余你就自己存起来。到了高中、大学，家长就可以让孩子自己跟你们申请要多少钱。

分阶段调整孩子的金钱观

小学以前	用钱要经过父母同意
小学	给适当零用钱，回家后报告，父母辅导
中学	自行计划，与父母商量
大学	自行计划，向父母申请
进入社会	定期奉养父母，不足父母可补贴

作为父母，从小教会孩子怎么花钱，给他养成正确的花钱习惯，将来他自然懂得如何赚钱。人与钱的关系就像是拥堵的水管，要先把出口疏通，钱才能流动。进口通，出口不通，那就塞住了，就变成守财奴了。而出口通了，人自然会去赚钱，钱就自然流动了。所以，钱为什么叫通货，就是因为它本来就是要通的。你让它不通，那就出问题了。

孩子小的时候，家长要教育孩子对金钱有个正确的认知，学会正确地花钱。当孩子长大能够自己挣钱的时候，家长又该教育孩子注意些什么？特别是遇到有朋友来借钱的时候，如何判断是应该借，还是不应该借呢？

我们对朋友有通财之义，但是当人家跟你开口借钱的时候，你该怎么办？这些家长都要教给孩子。家长要告诉孩子，那也是用钱的一种。很多人就完全没有受过这种教育，因此交了很多“学费”。

对于这种事情，我们有两个原则。**一是朋友之间有通财之义，但是要看平常有没有交情**。有的人，他跟你借钱的时候，你就是他最亲密的朋友，一进门就叫哥，可借了钱以后，连一个电话也没有。过了两年又来，又叫哥，又要借钱。这种人你借给他干什么？他根本就不把你当朋友。**二是救急不救穷**。我们不救穷，穷救不了，急可以救。如果他这关通过了，后面就通了，你就帮他一下。如果你现在借给他，他下次还是没办法过关，那就算了。像这些东西，我们都应该传承下去，否则我们经常被困在这种苦恼当中，很不值得。

历史典故

管仲与鲍叔牙是春秋时期齐国一对很要好的朋友。年轻的时候，管仲家里很穷，又要奉养母亲，鲍叔牙知道了，就找管仲一起投资做生意。做生意的时候，因为管仲没有钱，所以本钱几乎都是鲍叔牙拿的。可是，赚了钱以后，鲍叔牙却只要了三分之一的收益。鲍叔牙的家人表示不满，鲍叔牙说："管仲家里穷，又要奉养母亲，多拿一点儿没有关系的。"后来，管仲当了大官，带兵打仗，每次打败仗的时候，他总是第一个逃走，大家就骂管仲是一个贪生怕死的人。鲍叔牙马上站出来替管仲说话："管仲家里有老母要奉养，其实他并不是个怕死的人。"管仲听到之后说："生我的是父母，了解我的人可是鲍叔牙呀！"后来，大家便称赞管仲与鲍叔牙之间有"通财之义"。

当我们进入社会开始赚钱后，一定要定期、定量地奉养父母，不管父母多有钱，哪怕父母可以补贴你。这要双轨进行。用我自己做个例子。我出来教书，领多少薪水，我真的不知道，因为我会把薪水袋——那时候钱还是用袋子装的，原封不动地交给我妈妈，我根本没有拆开过。这样，如果我有需要，我父母再困难，都会想办法来资助我；但是，如果我赚了钱，却掖起来自己用，到时候跟父母开口，恐怕他们也会摇头。

我们要知道，**家人，永远要有一家人的亲情**。所以，我两度失业都不在乎，因为我的爸爸妈妈说："你回来，家里无非就多一双筷子；你结了婚以后回来，家里也就是多两双筷子，无所谓。所以，你不要因为没有工作而受辱。"人生起起伏伏，有时候是你做错了而失业，有时候你没有做错却失业。有时候你失业是好事，因为你一转弯，反而做得更好。

如果家庭形成一种氛围，这个人过得好，家人就都捧他；那个人失落了，所有人就都看不起他，那这样的家庭就太势力了，还有什么亲情可言？

一家人就要彼此照顾。失败没有关系，只要不是你的错，家人是不会说你的。你有钱、有势了，也不要神气，因为回到家，你还是这个家里的人。像这些都要慢慢地形成一种惯例，不是规定。中国人很少用规定，因为规定下来以后，大家没有办法适应。每个人的状况都是变动的。比如，一个家庭如果兄弟姐妹多的话，前面几个孩子给父母的钱够用了，父母可能就会跟最小的孩子说："你刚刚进入社会，你的两个哥哥给我的钱也够用了，你就暂时不要给我们钱了。"

像我二弟，他是我们兄弟里面第一个到国外留学的。他跟我爸爸商量，说他想去巴黎留学，我爸爸就说："你去问你大哥，你大哥同意我就让你去。"那我就很为难，我让我二弟去，我就要把他的责任也扛起来。可这样一来，我们两兄弟的感情却更好了。可见，**任何事情，都要事先有一个比较周全的思虑，这样后面就会减少很多问题**。后来我二弟常常说："当年如果大哥不点头的话，我连巴黎都去不了。"我说："没有关系。你现在回来，照样依父亲的希望去做就好了。"

中华道统文化是非常注重家庭的，每个人的言行与整个家族都有着紧密的关联，但是也有人批判说，这是封建社会的愚忠愚孝，现代社会应该强调个人意志的自由，不应该受制于家庭。这种说法有道理吗？

外国人老觉得中国人是愚忠愚孝，我们哪里是愚忠愚孝？我们是合理。合理是两方面商量，而且跟时空变化都有关系，因此它没有规定，只有一个大致。**读《易经》读到最后，就四个字，叫大致如此，就是我们常讲的差不多**，差不多就好了。

我举个例子。有一个总经理，请他的父母去吃饭，可是我发现他的父母都很不开心。我跟他们一家都很熟，所以我就过去问他的爸爸："你儿子对你这么好，你为什么还不开心？"他说："他哪有对我们好？"我说："他请你们上这么好的餐厅吃饭，还对你们不好？"他说："他是在显摆他比我们还行呢。我们当年没有钱，没有能力来这家餐厅，他神气，他能赚钱，他有。他就是这么想的。"这时那个儿子跟他的爸爸妈妈说："爸爸妈妈，这家餐厅很贵，但是我常来啊，我知道它的菜好，所以我今天特别安排你们过来。"他的父母听了就更不高兴了，你来过好几次，却到今天才请我们，你吃过第一次后不能请我们？谁的不对？当然是儿子的不对，就是这个儿子不会说话。

孝敬，那个"敬"很重要。这个儿子应该这样跟父母说："爸妈，人家都说这家餐厅很好，我是没有来过，但既然大家都说好，我们就来试试看嘛。”如果他这样说，他的父母的感觉就会不一样了。可他不是。他接下去说：“我知道这里有几个菜不错，我通通点给你们吃。”他的父母听后十分生气。这个儿子错就错在没有“敬”。所以，**“孝”后面其实不是“顺”，是“敬”**。我们讲到这里已经很清楚了，**家长就是要让孩子从小孝顺，慢慢变成孝敬**。

建立正确的金钱观，要先让孩子学会花钱，慢慢再教他怎么去赚钱，最后把整个过程完善起来，这个家风就会越来越让人家满意，让人家觉得可靠，这样延续下去才有价值。记住，**钱永远不是主人，只有人才是主人**。千万不要变成钱是主人，人是钱的奴隶！中国有一句话叫作**不为物役**，永远不要被物所奴役，这个要靠父母的教导。

智慧拓展

庄子是中国历史上揭露“人为物役”的异化现象的第一人。庄子认为，世人追逐物质利益和权贵礼法是“危身弃生以殉物”，是人生的一大悲剧。因此，庄子强烈反对物质利欲、权贵礼法对人身自由的束缚，提出“不为物役”的主张，要求人们“不以物害己”“不以物挫志”。庄子自身“处穷阨巷，困窘织履，槁项黄馘”，但却不为富贵所动，而是视功名利禄如粪土，“笑辞千金之重利、卿相之尊位，宁游戏于污渎之中以自快，无为有国者所羁”。

我小时候是没有电视的，读到高中的时候才开始有电视，我就很好奇，经常坐在那里看电视。可每当我看到最有趣的地方，爸爸就会叫我去做别的事情。我们那时候是很听话的。现在我相信你叫你的孩子去做什么，他肯定说“等我看完这集”。我们那时不会，我就照做了。但是几次之后，我就忍不住问我爸爸，为什么每次我看电视看到很好看的时候，他一定要叫我去做别的事情。我爸爸告诉我，他是故意的。我问他为什么故意，他说：“因为我不希望你迷一件东西。你对一件东西有兴趣，我叫你做别的事情，你做得到，那你一辈子都不会迷任何东西。”我说：“那你是存心整我喽？”他说：“是啊，我就是要整你，不整你，你怎么养成习惯？”我说：“可是被整的人很痛苦啊。”因为那时候我已经上高中了，对父母讲话的尺度可以稍微大一点儿。他说：“我承认，被整的人很痛苦，但是你不知道整人的人也很辛苦的。”我问：“整人怎么会辛苦？”他说：“我要注意看你什么时候有兴趣，我才叫你呀，那个时机要对。”

所以老实讲，中国人的学问，不是那么粗浅就能了解的。说是“整”，其实是父亲想给我一个限度。大家想想看，一个人如果对某样东西没有兴趣，此时别人叫你去做别的事情你就去，那没有什么稀奇的；而如果你对某样东西非常感兴趣，别人却在此时叫你，你能去那就很难了。

再比如打麻将。打麻将好不好？我不知道。但打麻将往往都是上台容易下台难。本来说好打四圈，结果打了八圈还不够，那就完了。**人不能迷任何事**，金钱、货品、艺术品、宗教，没有一样是可以迷的，包括科学在内。我们现在最可怕的就是科学，因为它已经变成全世界最大的宗教，这是人类很大的危机。

第八集　为何要在清明祭祀

——扫墓要带第二代去

·任何事情最好的处理方法就是将心比心。

·我们中国人从来没有把别人的领土当作殖民地的观念。

·我们的历史中只有灭人宗庙，从来没有灭人种族。

·一个人下棋下到没有人愿意跟你下，你就等于不会下棋。所以，千万不要想当什么天下无敌。

·人，要懂得隐藏。

·你要去扫墓，一定要带第二代去，不然你去也是白去。

·中国有一门艺术，叫作没有输赢。

在中国，古往今来，大到国家，小到家庭，世代传承着各种祭祀礼仪和祭祀风俗，中国人为什么要祭祀？在祭祀中都需要注意些什么？传统的中国人为什么无论走到哪里，都要带上祖宗的牌位？又为什么要在每年的清明节，去给死去的亲人上坟扫墓呢？

西方人非常重视宗教。那中国人呢？中国人重视祭祀。祭祀跟宗教没有关系，祭祀当然也不是迷信。我们老说要齐家，齐什么？**齐一家人的心**。心一齐，即使大家有很多不同的看法，也会自然而然做到求同存异；心一齐，虽然大家有一些不同的意见，但是也会彼此尊重，不会争吵。可是，心要齐，就一定要有一个共同的目标，是什么？**天**、**地**、**君**、**亲**、**师**。所以，我们总有这么一个牌位在那里。

智慧拓展

求同存异是中国的外交政策之一，即找出共同点，保留不同意见。求同存异是周恩来处理复杂关系、化解复杂矛盾一以贯之的思想方法和行为模式，是周恩来辩证思维方式的实践范例。1955年，周恩来首次在亚非万隆会议上提出求同存异的方针。求同存异不是目的，而是为大家的共同目标服务的，求同存异之后要做什么才是最重要的。

中国人**拜天地**、**拜祖宗**、**拜圣贤**，西方人看不懂，说我们是在拜偶像，我们不能承认，因为那不是事实。请问大家，天地是偶像吗？当然不是。祖先是偶像吗？那更不是。圣贤是我们仿效的对象，也不是偶像。不能因为西方人不了解我们，就盲目地起哄，说我们拜偶像。世界上只有少数几个民族是不拜神的，我们中华民族就是其中之一。我们拜孔子，孔子是人；我们拜老子，老子是人；我们拜释迦牟尼，不要忘记了，释迦牟尼也是人。我们不像西方人拜神，因为我们对神的概念跟西方人对神的概念是完全不一样的。西方人认为神是至高无上的，神是独一无二的，神是可以主宰人类的。我们不是。我们所讲的神是很神奇的、妙不可言的、深不可测的。比如，孔子能够前知五百年，后知五百年，神人，所以我们拜他。姜太公更厉害，他是前知一万年，后知一万年，神人。老子更是神人。

这个“神”，我们打篮球的时候就能感觉到。比如，当你瞄得很准，投篮后篮球进入了篮筐，叫什么？叫准。可是，若你瞄都不瞄，就这样乱丢，把球投入篮筐，那就不叫准了，叫神。所以，人能够到那个地步，保证所有人都说你是神。

我们祭祀完全是一种不忘本的精神，天地是根，父母是本，没有圣贤就没有中华文化的延续。就这么简单。

祭祀当然有宗庙的祭，那是属于国家的。我们现在也在祭，祭烈士，他们为国为民牺牲，当然要祭。我们祭屈原，因为他很了不起，让我们永远怀念他。我们祭祖宗，在家里面祭。祭天祭地是每个人共同的，祭祖宗却是每个家庭不同的。但是我们要记住，孔子有一句话，叫作“祭如在”，这个“在”就是说，你要亲自在那里，不能打个电话说我不能回来，你们替我祭拜一下，那是没有用的。并且要祖先也在那里，双方都在。你可能会觉得这怎么可能。所以，我们就很佩服孔子，他用了一个“如”字，“如”就是好像，这就很清楚地告诉我们，只要你心中有他的存在，他就存在；你心中没有他的存在，他就不存在。这个是没有办法用科学证明的，也不是客观的，这叫感应。所以，我们中国人谈鬼神，不必去讨论他穿不穿衣服，不必去讨论他花不花钱，花什么钱，花多少钱，都不必。我们只讨论你与他有没有感应。如果没有感应，那就表示你的诚心不够。

智慧拓展

“祭如在”出自《论语·八佾第三》第十二章：“祭如在，祭神如神在。子曰：‘吾不与祭，如不祭。’”意思是祭祀祖先时，就好像祖先在上受祭；祭神的时候，就好像神在上受祭拜一样。孔子说：“我如果不能亲自参与祭祀，虽然有人代我祭拜，我也好像未曾祭拜一样。”我们从孔子这一番说明，可以看出孔子对神明的态度，应该是“信之即有，不信即无”。“如”这个字用得十分传神，好像有又好像没有，完全由拜祭的人来决定。既然有或无由祭的人做主，要祭就要把神明当作真的存在那样，不宜轻忽怠慢。所以亲自祭拜，才有意义。委托他人代理，那还不如不祭。孔子的敬鬼神态度，值得我们深思。

在提倡恢复中国传统文化的大形势下，许多地方已经开始恢复了祭祀。但是，当我们参加祭祀活动的时候，如何才能不流于形式，而真正能够与祭祀的古圣先贤，产生内心的感应呢？

当你诚心够的时候，自然感应得到，所以有三个字大家非常熟悉，叫**诚则灵**。只不过大多数人都是嘴巴会讲，其实根本不知道诚是什么。上不欺天——上不要欺骗天，下不欺己——下不要欺骗自己，中间不要欺骗人家。按上中下的顺序，就叫**上不欺天，中不欺人，下不欺己**。你不要骗自己，诚不诚你最清楚。而且，你知天就知，你知别人就知。你拿着香还跟人家聊天，你在那儿拜，心里却想着自己的股票会不会涨，你以为别人不知道？当然知道。我们中华民族是一个没有秘密的民族，你不要想骗任何人，因为我们的感应力是非常强的。我们中国人从小就必须要高度警觉，否则你随时会犯错，随时会挨骂，这是我们教育成功的地方。

现在很多人看不懂，认为西方人多自由。当然自由，自由到最后人与人之间就没有感应了，叫作什么？人际疏离。人际疏离是很可怕的。现在我们因为有了手机，所以满脑子都想着远方的人，旁边的人连理都不理，这就叫人际疏离。以前不会，以前我们远亲还不如近邻呢。

典型案例

今年46岁的朱女士，刚跟女儿学会玩微信，因此近段时间完全是手机不离身，变成走到哪儿刷到哪儿的“低头族”。前段日子，母亲程婆婆坐大巴来武汉，准备在女儿、女婿家小住一段时间。吃完饭，收拾完碗筷，程婆婆本想和女儿、外孙女聊聊家常，却发现，女儿拿着手机在跟人讲话，外孙女也盯着手机，手指在屏幕上飞快翻动，虽然两人也回应自己，但是总感觉她们心不在焉。后面几天，女儿、外孙女白天上班，晚上下班后照样手机不离身。有天朱女士去上班前，程婆婆跟她说要回去。朱女士以为母亲随便说说，没想到，下午就接到父亲的电话，说母亲真生气回家了。

你心中惦念着一个人，他就好像存在一样；若你心中没有这个人的一点点位置，即使这个人就在你眼前，他也是不存在的。这有点儿把人又贬回到动物的意思。就好像牛在那里，牛眼睛只能看到跟它有关的东西，跟它无关的它就认为它们是完全不存在的。那人又变回动物了，还得了？人是灵光。灵光，就是四面八方你都很清楚。

有一次，我跟一位眼睛失明的朋友一起吃饭，他坐我旁边，我就很不好意思地问他："我冒昧地问你一个问题可以吗？"他说你问。我说："你的眼睛好像看不太清楚，这样会不会不太方便？"我还是很有礼貌的，我不能说他是瞎子。他问："你有几只眼睛？"我当时觉得这个人很奇怪。我说："两只。"他说："你只有两只眼睛，你看得再清楚，也只看到那么一点点，后面的你都看不见。我这两只眼睛虽然看不见，但是我全身都是眼睛。"我当时就觉得，他真高明。一个人有两只眼睛，就完全相信这两只眼睛了，所以你看不见的，你就欺骗自己，认为那是不存在的。你看不到别人，你就欺骗自己，别人都不知道，那就糟糕了。这位朋友眼睛看不见，他却知道，天知、地知、人知、我知，没有人骗得了，那反而更好。

所以，我们从这个里面，又推出什么叫诚——外不欺神、内不欺心。神是四面八方都有的。神是什么？神就是我们心中想念的人或事。你想到什么，什么就会出现。为什么？因为你跟它有感应。

虽然那个人在美国，可是你想到他的时候，他就好像在你身边一样。其实这种心灵感应，现代科学是可以慢慢证明的。你在这里，甚至把眼睛都蒙起来，就想象你美国纽约的兄弟在那边做什么，然后写下来，因为写下来才有证据。之后让别人打电话去问他在干什么，结果发现他说的跟你写的一模一样。这是完全可以做到的。心灵感应是可以学习，可以练习的，那个力量是无穷的。我们现在只相信有限的东西，还满口都是潜力。潜力就是无限的东西，诚也是无限的。

所以，你要拜孔子，其实也不必走到他跟前去。你走到跟前，跟他没有感应也是白来。你就坐在家里，想想孔子讲的一些话，你跟他就有感应了。**你心中有孔子，孔子跟你就有感应；你心中有父母，父母跟你就有感应；你心中有天地，天地跟你就有感应。这就叫祭祀。**

从此，大家不要把祭祀看成是宗教，它跟宗教一点儿关系都没有，我们只是纯粹地感谢我们的祖先。没有祖先就没有我们，没有圣贤就没有我们中华文化，天地、祖先、圣贤都没有了，我们也就不见了。就凭这一点，我们就应该把它好好地传承下去。

祭祀，正是为了中华文明的传承，所以中国人每年都要在固定的时间举行祭祀活动，而每年的清明时节，就是祭祀祖宗先人的时节，到了清明，人们都要去给往生的亲人上坟扫墓。为什么一定要在清明这天祭祀祖宗呢？

因此，每年清明节，你要把全家人集合起来。为什么叫清明？因为人活着有七情六欲，受到外界的诱惑，不清不明。做人就是不清不明的，不清就是脑袋糊涂，不明就是眼睛模糊。清明节那天你去祭拜祖先，你就清明了，因为你跟祖先连线了。所以我们要提醒自己，要去扫墓，而且一定要带下一代去，不然你去也是白去。大家现在去看，扫墓的多半是上了年纪的人。年轻人都忙，就算去了也是待在那里，根本就与祭拜的对象没有关联，那去了干吗？**祭如在**，就是要双方都在，有一方不在都不行。

我们中国人是这样：“**事死如事生**”，父母已经往生了，我们还把他们当作活着一样看待；“**事亡如事存**”，父母已经死了，我们还当作他们存在一样，心中还跟他们有感应。这是大孝。

智慧拓展

“事死如事生”意思是说：死后也要和生前一样。多指古代帝王。中国古代人崇信对待死者应该“事死如事生”，因而陵墓的地上、地下建筑和随葬生活用品均应仿照世间。文献记载，秦汉时代陵区内设殿堂收藏已故帝王的衣冠、用具，置宫人献食，犹如生时状况。秦始皇陵地下寝宫内“上具天文，下具地理”，“以水银为百川江河大海”，并用金银珍宝雕刻鸟兽树木，完全是人间世界的写照。《荀子·礼论》：“丧礼者，以生者饰死者也，大象其生，以送其死，事死如生，事亡如存。”

这样大家就知道，我们那条导引线，是全世界独一无二的，而且非常灵光。外国人都笑我们，说我们跑到哪里，都抱着一个完全没有用的祖宗牌位。其实他们不了解，我们的祖宗牌位，就好像他们的十字架一样。他们时常对着十字架做祈祷，是因为他们心中有上帝；我们把祖宗牌位放到我们居住的地方，是因为它在，我们的心就安了，我的子孙后代就知道，我们是有根的。大家可以看到，现在宗祠又修起来了，宗祠一修起来，姓氏的来源就清楚了，一代一代就知道自己的辈分了，这样就会有伦理，大家就会守分，然后自然而然就会规矩起来，这就叫家风。

所以，**中国人最痛恨什么人？第一种就是数典忘祖的人**。你连祖先都不认，那你有钱，你有势，你有一大堆人有何用？中国人最讨厌的就是不认祖宗的人。**第二种是什么？欺师灭祖**。当然，现在数典忘祖的人比较少，因为他不敢。但是欺师灭祖的人越来越多。

历史典故

春秋时，晋国派荀跞和籍谈为使节去周景王那里参加王后的葬礼。葬礼结束，周景王设宴款待大家。在宴席上，他问荀跞和籍谈：“各国诸侯每年都会进贡物品给王室，为什么独晋国没有？”籍谈回答道：“早年诸侯受封，大都接受了王室的宝器，但是我们晋国却没有受到赏赐，所以也就不必进献宝物了。”周景王听后非常不满，说：“晋国的始祖唐叔是周成王的同胞兄弟，怎么可能分不到王室的宝器？我记得你的祖先是负责掌管国家典籍的官，你怎么能忘记这些史事？”籍谈无话可说。等荀跞与籍谈离开后，周景王对大臣说：“我看像籍谈这么忘本的人，后代子孙应该不会有出息！”籍谈回到晋国后，把这件事跟晋大夫叔向说了。叔向反而对籍谈说：“我看周天子恐怕会不得善终。他家里死了人，还脱掉丧服和客人饮酒作乐，对已故的人没有一点儿真实的哀悼，还忘不了向人家要宝器，太不懂礼法了！”“数典忘祖”这个成语就是从这里演变而成。

比如有的人，去过几次欧洲，看到人家法国人在街道上喝茶、吃面包，很快乐。所以回到上海，就拿下一块地，把它改造成欧洲街道的模样，然后试图改变上海人的生活方式，让他们坐在街头吃东西。以前上海人是不会轻易坐在街头吃东西的。他不知道，其实他的这种行为，就是欺师灭祖。

我们中国人从来不去侵略别人，但是外国人对我们却怕得要命。我前不久去马来西亚，到马六甲去看郑和纪念馆，当时很多欧洲人在那里，欧洲人看到我们中国人，就很客气地过来打招呼，他们就问了一个问题，那个问题我听起来感觉非常奇怪。他们说："郑和真的到过马六甲吗？"奇怪吧？我就跟他们说："这个纪念馆是马来西亚人建造的，不是我们中国建造的。你们为什么会问这个问题呢？"他们说："你别管，你就回答我这个问题。郑和是中国人？"我说："对。""他真的来过马六甲？"我说："对。"他还是摇头，说："我不相信。"我问："你为什么不相信？"他说："如果你们那么早就来过这里，为什么不把马来西亚当作你们的殖民地呢？"我当时听了就觉得很好笑，我说："**我们中国人从来没有把别人的领土当作殖民地的观念**，只有你们才有。英国在世界各地都有殖民地，最后却一场空，什么都没得到。我们中国人早就明白这个道理，你强行去占领人家的土地，有用吗？没有用，一点儿用处都没有，最后只能是白忙一场。"他们听完就不吭气了。但是我看他们的样子还是不相信，可见教育是非常重要的。教育就是洗脑，从小就给他们灌输殖民地的观念，这种观念就根深蒂固了。

我们中国自古以来就爱帮助别人，你缺什么东西，没关系，我提供给你；你对我友好，我对你更好。我们现在依然如此，我们很乐意去帮助那些发展中国家，虽然我们自己也是发展中国家，不过同样是发展中国家，我比你稍微好一点儿，我就开始帮助你。西方人就觉得很奇怪，你帮助别人是真的还是假的？这个也是我们必须要让西方人真正去了解的地方。我们最讨厌的就是欺负弱小。比如，我们讲“好男不跟女斗”，这句话其实不是歧视女性，而是保护女性。男人总是粗犷一点儿，力气大一点儿，如果没有这句话，男人看到女人就打的话，女人一定倒霉。所以我们自古就说“好男不跟女斗”，男人再有道理也不能打女人，欺负弱小那是羞耻。**我们的历史中只有灭人宗庙，从来没有灭人种族**。

中国在历史上素有文明古国、礼仪之邦的美称，但是，近年来随着中国经济的崛起，世界上有些国家，开始对中国的强大感到不安，这是为什么？我们又应该怎样做，才能把中华文明永久地传承下去呢？

人家学我们的东西，我们还有那个胸襟，因为他们怎么学都学不像，但中国人会学得很像，中国人的模仿力全世界第一。你会唱歌，我唱得比你还好；你会跳舞，我跳得比你还神。所以谁看了我们都怕，因为学什么像什么，那他们的子孙怎么活？这样我们才知道，为什么《道德经》说“**不敢为天下先**”，为什么孔子说“**始作俑者，其无后乎**”。孔子是很少骂人的，但这句话骂得很难听。

我们不是不敢创新，但是我们要考虑：第一，创新有没有必要？第二，创新会不会伤害到别人？第三，创新会不会弄得我们的子孙将来无路可走？我们要考虑得长远一点儿。一两代的神气有什么用？比如，有一天，奥运会上所有的金牌都让我们中国人包揽了，大家都不参加了，那我们还参加干什么？我们搞到这个地步干什么？**任何事情都要适可而止**。

我这是苦口婆心，是否听得进去悉听尊便，因为每家都有每家的盘算。但是不要忘记，中华民族是个大家庭，中国人走到哪里，人家都能看出来你就是中国人，对你多少都有点儿怕。因为谁都知道，全世界最聪明的只有两个地方的人，一个是犹太人，一个是中国人。犹太人已经被追杀得那么惨，中国人不能再步这个后尘了。我们要活着，我们要替子孙留下余地，不要把他们逼到死胡同里面去。

全世界所有的竞赛，如果我们都拿第一的话，我们的子孙就无路可走了，因为谁都不会跟我们来往了。人家一碰到我们，就一定输给我们，人家还理我们干吗？所以，**中国有一门艺术，叫作没有输赢**。今天很多人都已经忘记了。西方人斗剑一定要有输赢，而中国人比剑比刀，没有输赢，我赢了也装没赢，他输了也装没输，两边都有面子，这叫圆满。

大家想想看，下西洋棋，赢就是赢，输就是输；打桥牌，赢就是赢，输就是输。不是上升就是下降，没有其他选择。可下象棋呢？一看再赢下去，你恐怕会翻脸了，我就搞和棋，全天下只有中国人懂得什么叫和棋。你知道我赢了就好了，我干吗要让人家看到我赢了你。真正会下象棋的人，不会老赢人家，你老赢人家，就没有人跟你下了。你见到人家说："好久不见。咱们下盘棋吧？"人家说："不好意思，我肚子痛。"他宁可说肚子痛，也不跟你下，因为你老是赢人家。

你要让人家知道你会尊重他，赢两盘最少会输给他一盘，他心里很清楚你棋艺高，他会从内心佩服你。可如果你搞得他没有面子，他就会到处诋毁你，那你就会很孤独，就好像不会下棋一样。**一个人下棋下到没有人愿意跟你下，就等于不会下棋。所以，千万不要想当什么天下无敌。**

我们现在受日本的影响，老是要求第一。我年轻的时候在美国，那时候日本人是很厉害的，因为他们很有钱。有些人一看到我这种脸孔，都以为我是日本人，一上来就跟我讲日本话，我就跟他们讲，我是中国人，不是日本人。可他们不相信，他们很诚恳地说："那你告诉我中国人跟日本人到底有什么不同？"我就告诉他们："比赛时同样在头上绑带子，凡是带子上写着"必胜"两个字的一定是日本人，中国人从来没有必胜的观念，我们都是不败。大家看，我们信东方，日本人也信东方，可是我们的名字叫作东方不败，他们的名字一定叫作东方必胜。必胜的人是胜不了多久的，可不败的人可以长长久久地不败。"

我们在这方面，其实受西方的影响太严重了，老想做天下第一。**人，要懂得隐藏。**《易经》一开始就告诉我们，潜龙勿用。我们读《易经》都读到哪里去了？**潜龙勿用，深藏不露。**你没有能力，你有资格讲深藏不露吗？凡是说深藏不露的，都是非常有能力的人。你没有能力，再露也不过是那一点点，有什么好深藏的？你连深藏的资格都没有。西方人想不通这些道理，我们不可以想不通，这是我们大家庭的家风。如果搞得全世界人都怕我们，就好像全世界都怕犹太人一样，那是我们子孙的不幸，千万不要走到那种地步。

智慧拓展

“潜龙勿用”出自《易经》第一卦乾卦的初九爻辞：“初九：潜龙勿用。”这个“勿”字不是“不”的意思，不是说在潜龙的阶段就不要用，勿用不是不用。非礼勿视，你要不要看？非礼勿言，你要不要讲？“勿”跟“不”是不一样的，“勿”其实含有“要”的意思，勿用就是站在不用的立场来用。一个人，潜是要做好充分的准备，而不是卧在那里干脆就不表现了。有能力的人才需要潜，没有能力的人，根本无所潜。

这样大家才知道，中国人有意见，都会先说“我没有意见”，如果你说你没有意见，人家也不再问你，那就表示即使你讲，人家也不听，那你还有讲的必要吗？很多时候，领导问部属有没有意见，部属多半说没有。领导说：“有就说啊！”你还说没有，领导再坚持让你说，那你就要说了。第三次还不说，要到什么时候才说呢？

为什么中国人一定要“推、拖、拉”？很多人不太了解，“推、拖、拉”是推给最合理的人，而不是把时间推掉，也不是把责任推掉。责任是绝对推不掉的，推脱责任只会浪费时间。真正会推拖，是推来推去，推给最合适的人。

开会的时候，第一个发言的人经常是没有人听他讲什么的。我经常有机会与一些公司的老总接触。有一次，我坐在一位总经理旁边，旁听他们开会。会议一开始，总经理说：“我们大家都很忙，抽出时间开会很不容易，大家有话就要说，不要客气。”然后有人就举手，第一个开始讲话。可是总经理却一直跟我讲话。我很不好意思，跟总经理说：“老总，你叫人家讲话，人家讲的时候你又不听，一直跟我讲话，这样不好吧？”他说：“怎么不好？有什么不好？我告诉你，他讲的话没有一句是可以听的，这种人讲话我再注意听，那我不是鼓励坏人吗？我跟你讲话没有别的意思，就是在暗示他不要再讲了，再讲我要给他难堪了。可是他连这个都不懂。”

所以通常开会的时候，我们都会先听别人讲，听来听去，他的意见还不如我的，那我就要讲了。这时再不讲，像话吗？如果听来听去，他的意见比我的好，我就想，幸亏我没有讲，如果我讲了，那就贻笑大方了。这是多有利的事情！为什么一定要争先呢？我们现在都说要争先，实际上是误解了老子的意思。

老子说：“后其身而身先，外其身而身存。”大家慢慢去体会，老子是要争先的，道家也是很积极的，但是他是站在不争先的立场来争先。“潜”的意思就是站在不要的立场来要，才不会乱要；站在没有意见的立场来发表意见，才不会乱说话。

以后当你讲话的时候，下边有人叽里咕噜，你就知道他不想听。既然他不想听，你还讲什么？那纯粹是浪费时间。

你要第一个讲可以，但不要举手。你先看看别人，一圈看过去，有人看你，你就请他先讲，他一定说不要，而且会请你先讲。你再请其他人先讲，所有人都不肯，你再站起来讲，没有人会嫉妒你，因为你已经谦让了那么多人，这时候就应该当仁不让。如果你连一个都不让，自己就站起来讲话，那就表示你完全是目中无人，谁愿意听你讲什么呢？

中国人会“推、拖、拉”，是有用意的，就是我对你有礼貌，我尊重你，你要先讲，我一定不跟你抢，但是你们都不肯先讲，那抱歉，我先讲，这时候才叫当仁不让。所以，同样是第一个讲，会收到两种截然不同的效果，其实就这么一点点差别而已。

我希望各位了解，“潜”就是为了要表现，“潜”如果是什么也不要，那就连潜都不要讲。《易经》讲“不”，就是“要”，因为它是“一阴一阳之谓道”，“要”跟“不要”是连在一起的，不会分开。

第九集　凭良心为人民服务

——人生只为求得好死

服务

· 人有生必有死，不可能永生。

· 不怨天，不尤人，从人事上去学习，依循天理日求上进。

· 方向搞错了，跑得越快越倒霉。

· 任何一句话都有一体两面。

· 人生最有趣的，就是我们都知道自己有一天会死，但是几乎没有人能够预测，自己什么时候会死，会怎么死。

· 生死由天不由人。

· 过分与不及都是坏事情。

人生有许多关需要过，如果说金钱观是人生的第一关，生死观就是人生最重要的一关，因为生死观决定着一个人的一生将会怎样度过。所以家风中的一个重要课题，就是教育孩子明白，人生的目的是什么？曾仕强教授认为，人生最终的目的，就是“求得好死”。什么叫求得好死？为什么要求得好死？怎样做才能求得好死呢？

第九集　凭良心为人民服务
——人生只为求得好死

全世界的人都感觉到，人的寿命实在是太短了，因此死得都很不甘心：我还有一大堆事情没有完成呢，我只生了一个孩子等，讲了一大堆理由，于是就转而要求永生，我要永远生，不死。但是到现在为止，没有一个人做得到。因为**人有生必有死，不可能永生**。所以早点儿断掉这个想法比较合适。

既然不能永生，人们就开始想，人活着到底是为了什么呢？全世界的人都在讨论，人活着为什么，生命的目的是什么。关于这个问题有很多答案，比如：有人说，人生以快乐为目的，要不然搞到最后才发现，连什么是快乐都不知道；也有人说，人生以服务为目的，这个听起来好像有点儿喊口号的嫌疑。所以，看完全世界的答案，大家就不得不佩服我们的老祖宗了，他们给了我们非常简单的答案，**人生的目的只有四个字——求得好死**。这样我们才知道，为什么说中国人骂人最难听，因为我们经常骂人家“不得好死”。一个人只要不得好死，就什么都没有了。人最怕的就是不得好死，人最想要的是得好死。

所以，当一个人功成名就的时候，他更担心这一点，因为所有人都在看他最后是好死还是不好死。好死就证明他这些都是“正象”的，都是正能量的表象；如果不得好死就表示他这里面虚假的东西太多，要不然怎么会不得好死呢？这才是人生最后的硬碰硬，一翻两瞪眼的一个关卡，谁都躲不掉。西方人把它叫作最后的审判。其实，我们中国人心里都有数，这是最后在算自己的账。因为**人生不过四个字而已——自作自受**。

有些人说中国人依赖性很强，不能独立。我真不知道他们在讲什么，中国人一切都是靠自己的。命是我造的，我怨谁？不明白这点，你永远读不通孔子的话——“**不怨天，不尤人**”。你自己造的命，你怪谁？你自己走的路，走错了方向，上了高速公路，**方向搞错了，跑得越快越倒霉**。这怪谁呢？只能怪自己。

智慧拓展

“不怨天，不尤人”出自《论语·宪问第十四》，原文为：“不怨天，不尤人，下学而上达，知我者，其天乎！”意思即：“我既不怨恨天，也不责怪人，只是从人事上去学习，依循天理日求上进，能了解我的，只有天吧！”“下学而上达”意思是下学人事而上达天道。孔子认为礼是人事行为的规范，仁是人事行为的本质。只有依仁合义，持续精进，才能够上达天道，而知天命。知天命的指标，即在不怨天，不尤人，凡事逆来顺受。以孔子的修养，五十岁时才知天命，可见实在不容易。像孔子这样杰出的人，一般人当然很不容易了解。所以孔子自叹没有人能够了解他，只有天才能明白他的心情。

中华民族才是少数的必须要自己负起全部责任的民族，这样大家就能完全了解中华文化了。“不怨天”：天不管你；“不尤人”：别人才不理你，你自作自受，必须为自己所有的言行负全部的责任，推脱没有用，别人不会替你分担。在这种文化背景下，我们家风里面有一个很重要的东西，就是你要让每一个来到我们这个家庭的人，都清清楚楚地知道，怎么样才能够得好死，可惜这方面的东西基本没有传下来。

人的生死观是从小树立起来的，家风的传承对于一个人生死观的形成，有着至关重要的作用。那么怎么做，才能求得好死？究竟怎样死，才能算是“好死”呢？

过去的中国人，任何事情只要把问题提出来，一定有化解之道，如果没有化解之道，暂时是不会提出来的。现在的人不是这样，现在的人这个不对，那个不对，问该怎么办却说自己也不知道，这就是不负责任的表现。如果没有化解之道，你就不要提出来让大家痛苦。比如，如果我不知道空气污染的事，我会很舒服。可是你告诉我空气污染的危害后，我问你该怎么办，你又说不知道，我心里就会很不舒服。你不知道就不要说。我们现在都受西方的影响，说大家都有知情权。其实你所谓的知情权，就是想赚钱，还美其名曰知识经济。

中国人是有良心的，当我知道这个问题目前没有办法化解的时候，就会不提它。不提它并不表示我不重视，而是我要加紧脚步去找化解之道，等到有化解问题的办法之后，再告诉你：这样是不对的，我把方法告诉你，你很快就可以化解。这才叫作负责任。要不然会搞得大家人心惶惶。现在都是这样，这个不对，那个不对，搞得每个人都不知道如何是好，那社会会安宁吗？整天批评，完全没有建树。但是我告诉你，传播界最想要的就是这种人，叫作唯恐天下不乱。他们几个人一坐好，就好像天下变成他们几个人在决定，这样好吗？我不知道。最起码我们的家人不要做这种事情。

我们要好死，轩辕黄帝就给我们开过一个处方。这个处方其实我们也都知道，只是把它当作书在念，就是我讲过的那四个字——**道政合一**。你凭良心为人民服务，心中就没有愧疚，到时候就能好死。大家是否听出来什么叫“好死”？好死不是不生病而死，那是不可能的，人吃五谷得百病，好死跟得不得病没有关系。病死也是好死，穷死也是好死，为国捐躯、战死沙场更是好死，要不大家祭拜他们干吗？**要得好死是指心理状态，死得心安理得**。看他的样子就知道死的时候没有什么话说，眼睛闭起来，很安详地走了，好死；死不瞑目，眼睛睁得老大，那会是好死吗？当然不是。为什么？他心里想，我马上要死了，我该怎么面对祖宗？我以前不知道，现在我知道了，但来不及改过了，死得心不安、理不得。所以，很多人会在往生的人脸上盖一块布，就是知道他要去见祖先了，会很难堪，我们不要使他太难堪了，就拿一块布盖在他脸上。

历史上最典型的案例就是伍子胥。伍子胥临死前说，他并不会为了将死而难过，他只是没有脸见他的祖先。人活得时间长短其实与是否好死没有关系，有的人活三四十岁，可他已经有很大的成就了，走了也就走了，心安理得；但是有的人，他心里老有挂碍，老觉得自己做错了很多事情，到现在都没有补救，所以心里很不安。

历史典故

春秋战国时期，吴王夫差不听伍子胥的忠谏，错把越王勾践君臣放走。勾践回到越国，卧薪尝胆，经过十年，又用了美人计，使吴王终日贪图酒色，不理朝政。越国出师，一举打败了吴国，夫差被逼得走投无路。此时夫差再想起伍子胥的话，已经晚了，便沉痛地对儿子说："都怪我没有听取伍子胥的忠谏，才落得如此下场。我死后，你拿块白布将我的尸体裹住，我已无脸去见伍子胥，也对不起列祖列宗啊。"说完，就抽出宝剑自刎而死。他的儿子就遵照遗嘱，用白布将他从头盖到脚，使这位亡国之君免在众人面前出丑。

吴国的一班遗老，在临死前也纷纷仿效夫差，关照儿孙将他们用白布裹身，让儿孙们永远记住这亡国的奇耻大辱。

我年轻的时候不懂事。我一个同班同学比我先到美国去读书，老写信要我寄这个、寄那个，我就寄了。可是我心里很纳闷儿，你到美国，比我神气，比我有办法，应该寄东西给我，怎么老叫我寄东西给你呢？所以我慢慢就不理他了。可是等我到了美国以后才知道，我完全误会人家了。到美国更苦，哪里有时间去逛街？哪里有钱去买东西？在那儿比在家里还穷，我就完全谅解他了，而且觉得很对不起他。但是很奇怪，我跟他始终没有机缘再见面，所以心里一直放不下。幸好几年前，他从美国回来了，我碰到他，第一句话就说："我对不起你！我当初不了解你的状况，所以我曾经错怪过你。"然后我就心安理得了。这是我有这个机会，有这个好机缘。我讲这个例子的意思是，人一生下来就要面对死亡，这是谁都跑不掉的。我们说好听点儿，生日其实就是又去掉一年，寿命又减少一年。所以，**任何一句话都有一体两面**。

你怎么知道你能活多久？**人生最有趣的，就是我们都知道自己有**

一天会死，但是几乎没有人能够预测，自己什么时候会死，会怎么死。因为老天就是让你测不准。有的人测出来，自己大概62岁就要往生了，所以他在61岁以前，就把所有欠的都还给人家，该道歉的都道歉，然后他心安理得了，结果却没死。**生死由天不由人**。你想死，老天偏不让你死，你都清光了，老天就叫你再活下去，看你怎么活。你觉得自己还年轻，怎么会死？结果就死了，要不然怎么会有白发人送黑发人呢？人不能控制自己的寿命，也无法知道自己什么时候会死，因此有的人就很担心，万一我天天做好事，突然间不知不觉做了件坏事，死了那不是很冤枉？比如曾国藩，我们就看他最后是怎么死的。曾国藩62岁那年，跟他的儿子一起，在家里的庭院中散步，走了一会儿，他忽然跟儿子讲，说自己的脚有点儿麻，让儿子扶他进去坐坐，于是儿子就扶他进去了，结果他一坐就走了。因此，大家对他的一生，就完全从另外一个角度去解释了。人必须要时时刻刻战战兢兢，就是因为你不知道自己什么时候会死。

人生无常，生死难料，唯有生时做事问心无愧，最终才能死得心安理得、无所挂碍，而人生最大的福气便是如此了。这就是应该随着家风传承下去的正确的生死观。但是在现实生活中，父母应该怎样教育孩子，去打理好自己无论长短的人生呢？

因此，我们一家人要互相勉励，我们只有一条路可以走，就是把心胸放宽阔一点儿，不要老是计较，我们有机会服务，就尽量去服务，不要一天到晚在权利、义务上面打转，纠缠于此的人能够好死的不多。我们想着自己的责任就够了，该你做的没有钱也要做，人家欠你的你也不要讨。

这个说起来容易，做起来很难，但是总算是有个方法。这个方法就是《大学》里面提出的“三纲”，其实“三纲”就是一句话分三段而已，这句话大家都会背：**大学之道，在明明德，在亲民，在止于至善**。这就是全部的方法。我们每一个人不要去管那么多，什么时候死，怎么死你管也管不了，操心也没有用，预测也不灵，那怎么办？我就修身，明明德就是修身。人活在这个世界上，很容易就被污染了。老子最喜欢婴儿，就是因为婴儿完全没有被污染。可是当你越懂事就越受污染，学问越大越危险。所以，人要修自己。

智慧拓展

三纲八目语出《大学》。三大纲领：明明德，亲民，止于至善（达到至善的和谐）。如何完成？八个层次，有先有后：格物、致知、正心、诚意、修身、齐家、治国、平天下。三纲首先指出“明明德”，便是提醒我们：人人凭良心，各就各位，用心把事务办好。先管好自己，才有资格管别人。

品德修养是一辈子的事情，不能因为稍有成就，便疏忽怠慢。因为邪念会随时趁虚而入，顷刻之间，便可能由泰转否、由治而乱。每日反省，务使三纲八目，内化成为自己的行为习惯，未来的道路必然更加安妥。

为什么“**为学日益，为道日损**”？就是说你要修道，要把这些没有用的东西损掉，减少掉。我不是不懂，但是我不做可以吧？我不是不能要，但是我不要可以吧？这就是在保护自己，让自己得好死，因为那是最难得的。我们为什么要“明明德”？为了要亲民。我们为什么要“止于至善”？为了要亲民。所以“三纲”其实是一个东西，就是亲民而已。什么叫亲民？亲民就是为大家服务，就是让跟你在一起的人，都觉得跟你在一起还不错，他们没有被你侵略、被你陷害。人最怕的就是每个人看到你，都说这个家伙我千万不要靠近，一靠近，我一定倒霉，那这个人就完了，这种人虽然有能力，但是没本事。我们要的是有能力还要有本事的人，就是能够亲民的人，亲民就是受大家欢迎。

智慧拓展

“为学日益，为道日损”出自老子《道德经》的第四十八章。原文为：“为学日益，为道日损，损之又损，以至于无为，无为而无不为。取天下常以无事，及其有事，不足以取天下。”为什么为学日益，而为道会日损呢？这点我们一定要从老子的背景说起。

老子当过周朝的图书馆馆长，他学问非常好，不然怎么能写出这么玄妙的《道德经》？因此我们不能说老子不重视学习，不鼓励我们学习，那是不可能的。他只是说我们做学问的时候，要反省自己：为什么读书？为什么做学问？读书是为了明理，做学问是为了提升自己的品德修养，这才是根本。很多人做学问做到最后，学会了很多阴谋诡计、歪门邪道，这些都是用来整人，用来算计别人，用来夺取财富的，这样只会使自己更加堕落，更加不会提升自我。表面上看是在做学问，知识越来越丰富，以前不懂的现在都懂了，当然很开心。但是要小心，因为所学越多，可能“道”就越损。不学这个，就不会做那种事情，品德还是蛮好的。可是学了这个，刚开始说绝不做，最后还是做了。因为弱者道之用。我们每次说这件事情不能做，最后还是做了。凡是听过的必留下痕迹，非常讨厌的，很可能会变成最喜欢的，这才是事实。

人往往挡不住外界的诱惑，挡不住大量资讯的入侵，因为那些也是道的一部分。在这种情况之下，人必须要把握住自己。“为道日损”，就是说我们不要盲目地去吸收外面的东西，盲目地认为多多益善。看一本书，先看它的目录，如果这个目录不适合自己，那就丢掉，还看它干什么？有人说，不行，一定要看完，不然怎么知道它的好坏呢？这个办法是行不通的。

千万要记住，有很多的知识，我们把它叫作不知“道”的知识。而不知“道”的知识，会把我们跟“道”隔绝起来，这就叫隔阂，是我们认识道的阻碍。越有知识，越不知“道”，是需要人们时刻警惕的事情。否则学了半天，不仅害自己，也害别人，那有什么意思呢？自然法则是从来不会变的，但是自然法则的应用，却是千变万化的。像这种事情再过一百年、一千年，还是这样。所以我们做学问的时候，千万不要认为时代不同了，现在的想法不应该像以前那样了，以前的都过时了，现在要求新求变了，这种态度是要不得的。我们一定要把道当作一个不可变的根本。这样的话，我们就知道，求学只有一个目的，叫作实。我们先天已有的道要保持住，而不是学很多乱七八糟的东西，把自己和道阻隔起来。

“为学日益”，就是为了增加自己的智能而学习。但是智能增加了，接下来就有了后遗症，就有事了。因为随着智能的增加，人的欲望和心机也增加了。而我们要知道，这种欲望的增加、心机的增加，最后会使自己更加烦恼、更加苦痛。“为道日损”，是告诉我们为道的时候，要把自己后天学的一些东西赶快丢掉，减少自己的忧愁和烦恼。这才叫爱护自己，才叫修道。“损之又损”，就是把后天这些无谓的、会增加自己的烦恼和痛苦的东西，慢慢丢掉，这样才会越来越明白天机。“嗜欲多者天机少”，说的就是这个道理。人一旦被私欲蒙蔽，所见的天机就少了；一旦知识丰富了，创造力就闭塞了。

大家想想看，如果老子当年说我什么都不管，我这个不管，那个不管，我自己好就行了，那肯定没有人把他奉为圣贤。人一定要有所作为，同时也要顺服天理，这才是老子的思想，不是说“无为”就是什么都不做，跟木头人一样。

智慧拓展

“无为”出自《道德经》第三十七章：“道常无为而无不为。”道的作用，就是无为。但是它的效果，是无不为，这样解释是对的。道，是很自然的。它并不是要针对某人、针对某事、针对某物而有所作为。可是，这种无为所产生的效果，却是无不为，这才妙。有史以来，我们所看到的一切，都是这个样子。

比如太阳，从东方升起，在西方落下，这是我们司空见惯的，从来没有改变过。而且，我们知道，太阳光非常强烈的时候，中午就到了；太阳快要落下去时，夜晚就将来临了。这都是“道”通过事物的各种现象，表现出的自然规律。所以，无为的“为”，跟违背的

“违”是相通的。无为，真正的意思就是不违反自然。

道，顺应自然，好像无所作为，但是万物都因为这个无所作为的道而生生不息、千变万化，这不是无所不为吗？就是因为道不主宰，万物才能有变化。如果道尚主宰，每个人都没有自主的创造和花样，这岂不单调？人生还有什么乐趣可言呢？因此，我们必须再说清楚一点儿，宇宙万物都是由道所生，但是道没有主宰万物的意思。关于这点，我们跟西方人有很大的不同。伏羲氏告诉我们，宇宙是没有主宰的，一切一切都是自然孕育而成的。老子也说，道把你生出来，让你长大，让你有变化。但是，至于你要怎么走，它尊重你，任由你选择，并没有要主宰你的意思。

中国人所讲的老天，其实就是自然。自然，提供给人类自主性。所以，人应该过自主的生活。可是现在偏偏不是，人自己做不了主，然后就很慌张，一定要找一个东西来依靠。于是就找神来依靠，就找这个来依靠，找那个来依靠，这就产生了很多宗教。其实，这样做就相当于放弃了自主，而要过一种他主的生活。他主，就是找别人来替自己做主。一定要找一个主宰，才心安，这种人蛮多的。当然，我们也不能怪他们。因为道始终跟着每一个人，而且道是很宽广的，它里头有很大的弹性，很多的选择。道给你自主，让你自己去选择，但是至于你要不要自主，它没有意见。

所以，我们在孩子小的时候就要告诉他，你是家里的一分子。作为一分子就要分担家务，至于哪一种家务，你自己选。孩子从小就要分担责任，你再小，做一件事总可以吧？玩具从哪里拿出来，玩完了就送回哪里，总可以吧？如果连这个都做不到，那就不要玩了。孩子大了以后就要分担比较繁杂的事情，越大越繁杂，这才合乎道理。从小就要让孩子知道，要吃饭就得工作，因为这是责任。在中国连和尚都是如此，不劳动就不得食。我们不是说我是和尚，你就得供养我，我们没有这种讲法。人家凭什么供养你？

所以很多事情，在真相不明的时候，不要乱去分辨是非。一定要很清楚，我们这一生应该怎样过。我们应该向大自然学习。大家想想看，草长出来干吗？就是要给牛羊吃的。所以牛羊吃草的时候，草并没有躲避，也没有抗议。草没有说，我用毒气把你毒死，因为你吃我，它没有，它心甘情愿地被牛羊吃，所以明年春天，它又长出来了。动物之间有一个食物链。现在我们已经非常清楚了，这本来就是一个生态，生态是个圈。

有些人说，人不能吃荤，要吃素。他们不明白，如果全世界人都吃素的话，素的是不够吃的，没有那么多素的可以供应这么多人吃。我不反对任何事情，但是有个人劝我一定要吃素，不吃素就会怎么样，我就告诉他：“你能够吃素主要是因为我不吃素，如果我也吃素，就会把你那里一半的食物抢过来吃，那样你也吃不饱，我也吃不饱，你知道吗？”他愣在那里，觉得幸好有人吃荤，我们才能够专心地吃素，所以不要再说他们不对。但现在的人多半是，我是对的，你们都是错的，那合天理吗？出太阳是对的，下雨是错的，有这回事吗？根本不可能。

曾仕强教授认为，人生最终要求得好死，就要做到《大学》中所说的“三纲目”：明明德，亲民，止于至善。“明明德”是修身，“亲民”是受大家欢迎，那“止于至善”是指的什么？善行无边，为什么还要“止”呢？

《大学》整部都在讲，我们要止，止什么？就是止于至善。止于至善就是大家都追求一个合理的标准。什么叫合理？

我们服务，不是像西方人所讲的，没有代价的服务，那个太高调了，谁都做不到。我们的服务是有代价的，就是为自己求得好死，这样各位才读通那句话：“**古之学者为己，今之学者为人。**”（《论语·宪问》）这句话听起来好像是现在的人比较无私，以前的人很自私，其实不是。“古之学者为己”是说以前的人做学问，知道怎样安身立命，怎样明哲保身，怎样使自己好死。凡事都是有代价的，我们不可能做没有代价的事情。不要讲得太好听，那不是止于至善，也不合理。为什么要求我没有代价地服务别人？我服务，我很坦白地告诉你，我是为了我自己，因为我将来要求得好死，我要死得心安理得，你们要不要亏欠我，你们自己看着办。所以中国人为什么能够做到童叟无欺？就是我不占你便宜，我占你便宜我倒霉。在过去，小孩儿去买东西根本不必带钱，我知道你是谁家的小孩儿就行了，你要什么东西就拿，重一点儿的你告诉我，我叫人送过去，你妈妈会跟我结账的，他能做到这个地步。现在的人做不到了。

很多人说，我们以前不管是道家也好，儒家也好，都太高调、太理想化，所以行不通。其实不是，是读书人没有尽到责任，没有读通。我可以这么保证，道、儒两家所讲的事情，只要你做，通通可以做得到。所以还是要**反求诸己**，是我们没有读通，我们没有决心，我们没有真正去实践，否则的话通通可以做得到，没有一样是不能实现的。因为我们没有像西方那样，将宇宙论、人生论、本体论分开，我们永远是知行合一的，你做不到，那是知得不够透彻。

智慧拓展

宇宙论是对宇宙整体的研究，并且延伸至探讨人类在宇宙中的地位。虽然宇宙论这个词是最近才有的，但是人类对宇宙的研究已经有很长一段历史了。形而上学的第三部分就是宇宙论，探讨世界，世界的偶然性、必然性、永恒性、在时空中的限制，世界在变化中的形式的规律，以及人类的自由和恶的起源。

本体论一词是由17世纪的德国经院学者郭克兰纽首先使用的。本体论有广义和狭义之别。从广义说，指一切实在的最终本性，这种本性需要通过认识论而得到认识，因而研究一切实在最终本性的为本体论，研究如何认识则为认识论，这是以本体论与认识论相对称。从狭义说，则在广义的本体论中又有宇宙的起源与结构的研究和宇宙本性的研究之分，前者为宇宙论，后者为本体论，这是以本体论与宇宙论相对称。

我们在家里面，我建议是在饭桌上，吃饱饭以后，大家不要马上离开，那是家庭教育最好的地方。一家人坐在一起就讲讲什么叫合理，不要很正面地去讲，而是用发生的事情说，这样合理，那样不合理，灌输给孩子，让他从小就有一个合理度。时时刻刻都合理。现在就是那个度没有掌握好，才会不得好死。要知道**过分与不及都是坏事情**。过分认真、太不认真都不得好死。过分认真一定会害死别人。

比如，我认识一个主管，他醒着的时候，拼命发短信给他的干部，告诉他们要这样那样，然后他去睡觉了。而且他专门在早上4点钟的时候发短信给他的干部，看哪个起得最早，哪个最早回复他。我心里面没有讲什么，但我知道他活不了多久。果然不错，三年以后他就得癌症了。人家睡觉你就让人家睡。现在我有权有势，我是大老板，我把手机发给你们，所有的话费公司出，我就有一个要求，24小时不准关机，那你算什么？给人家一点点钱，就要人家的命。这就是我们讲人生的目的的主要原因，你必须要想通这些事情，要止于至善，要知道过分就是不行。

有人问我，现在的孩子，要不要给他手机。答案是当然要给。但是有些事情你要跟他说明白，比如我们家给孩子手机时就告诉他，人家都有，我们不会让你没有，但是你有手机，不要让任何人知道，因为你这个手机，在两年之内只有一个用途，就是打电话给你妈妈，其他人都不能打。这样，他就很安全。他会用，但是不跟人家啰唆。他有事情，随时可以跟妈妈联系。有的家庭不是。家长说："我家的小孙子才几岁，手机玩得好得很。"这个长辈就是没有良心，将来他十几岁得脑瘤了找谁？哪一天他猝死了找谁？怨天尤人有用吗？没有用。

孩子既然生在我们家，我们又有这套祖宗留下来的法宝，就要好好传承。当然，不要那么小就告诉他，你要得好死，他根本听不懂。应该在家里闲谈的时候告诉他，人最后是会死的，但你不要怕死，更不能自杀。作为家长，要把这些话从小就告诉自己的孩子，这样他很快就了解了。现在什么都不讲，等他出事的时候才说，这是谁的责任？

第十集　如何培养孩子的责任感

——无形习惯是人生的资产

习惯

·凭良心是无形资产，是最可贵的，是我们从小就要养成的习惯。

·任何事情，我们都要冷静地、心平气和地来把根本的原因找出来，这样所有的坏习惯都会一夜之间被改过来。

·安静地听人家说话，是一门很好的艺术。

·有时候听人家诉苦，也需要一种忍耐的习惯。

·我们分担家务，是责任，是亲情，是凭良心，也是求得好死。

·人没有经过困，德行是培养不起来的。

·等待也是一种习惯。

家风是一种综合的教育力量，它集思想作风、生活习惯、情感态度、精神情趣以及其他心理因素等于一体，而习惯作为家风的重要组成部分，对人的一生都有着非常重要的影响，因此养成良好的习惯，是每个人立身行事最基本的要求。那么究竟什么样的习惯才是好习惯？好习惯需要如何去培养？为什么说无形的习惯比有形的习惯更重要呢？

第十集 如何培养孩子的责任感

——无形习惯是人生的资产

大家都知道，人是习惯动物，一个人若养成什么习惯，以后要改，是非常困难的，所以一定要从小就养成好习惯。但是，我如果问大家，什么叫作好习惯，恐怕很多人都会很伤脑筋，因为大家所能想到的无非就是认真、负责、勤劳等这类，这些习惯都讲了几千年了。

人生最可贵、最基本的习惯，是大部分人没有想到的，就是**凭良心**。现在的很多人就不凭良心，他们不凭良心已经成为一种习惯了，那是很难改的。他们认为只要有市场，能赚钱，好卖，我可以加薪，全家人都因我而光彩，老板看到我就笑嘻嘻的，就够了，我错在哪里？其实，他就错在一个不凭良心而已。所以，我们大家一定要记住：**凭良心是无形资产，是最可贵的，是我们从小就要养成的习惯**。

我真的很幸运，我遇到过一个家庭，那家的孩子才五六岁，可他居然跟他的爸爸说："爸爸，我今天做错事情了，可是我不知道我错在哪里，你能不能告诉我？"我问他的爸爸："你是怎么把孩子教得这么成功的？一般小孩儿都是哭、闹，跟你没完没了，你家小孩儿怎么会说出这种成熟的话呢？"他说："这是我们无意中教出来的。"我说："那太好了，你是祖上有德。你把过程讲给我听听。"他说他们夫妻俩个性都很强，经常吵架，有了小孩儿以后，他们就坐在一起商量，说以后他们不能再吵架了，再吵架对孩子不好。他说他当时只有一个想法，就是小孩儿在妈妈肚子里面，如果妈妈常常生气，胎教一定不好，他的想法很单纯，只想到这件事情而已。所以，他就跟他的太太讲，我们最好不吵架，让孩子很平和地成长。我们养成好习惯，将来孩子长大了不会受累。他们夫妻俩就这点达成一致，可是还是会吵。所以他们就利用周末，两个人什么事都不做，就坐在家里好好谈一谈，他们两个人为什么会吵架。谈到最后，结果很神妙，他说就是因为他们中的一个人做错事情了，另一个人说他错，他不服气，就恼羞成怒，就蛮不讲理，所以就生气了。

我们中国人，做错事情自己心里明白，自己会改，用不着别人啰唆。大家想想看，哪个人不是这样？你说我，我就不承认；你不说我，我反而会反省。后来他们夫妻俩就有了默契，他们做了一个最好的示范，就是一旦犯错，自己赶快说出来："我做错了。你告诉我，我错在哪里。"他们发现这个效果非常好。先生如果说我有错，你告诉我，我错在哪里，太太就说其实你的错，还不如我的错多，你先说我错在哪里，结果两个人就吵不起来了。

这样我们才知道，孔子的反求诸己不仅只是一句话而已，它是特效药。我再说一遍，这是个非常重要的过程，我们中国人非常机灵，反应很快，任何事做错了，他心里都有数，他知道自己错了。但是人家一批评他，他就死不认错，找各种理由，那就叫吝。上面一个文，下面一个口，就叫吝，意思是嘴巴找很多理由来掩饰过错。因此，我们必须要逆向思维，当你做错了，你要先说我错了，我错在哪里你说，这样对方说出来，你就不会觉得你被指责了，而是会认为是你请他说的，这样你才能心平气和。这位爸爸说没有想到，他们有了这个习惯以后，居然会影响到孩子，孩子在无形当中也学会了，也不哭闹了，他说："我把玩具摔坏了，我一定有错，但是我错在哪里？我怎么才能不摔坏它？"可见**任何事情，我们都要冷静地、心平气和地来把根本的原因找出来，这样所有的坏习惯都会一夜之间被改过来**。

我讲这些，只是在让大家思考一件事情：我们往往太重视有形的习惯，勤劳看得见，负责看得见，节俭看得见，认真看得见……实际上还有更高层次的东西，就是看不见的习惯，那更重要。人生最可贵的看不见的习惯：**第一，凭良心；第二，敢认错**。敢认错很难，大多数人都是死不认错。死不认错只能让自己倒霉，可是这个习惯很难改，一定要到有一天你付出了代价才知道改。当然，那一天你付出的代价多半太过沉重，划不来。

凡事凭良心、敢认错，是人生最可贵的习惯，也是一个人立身于社会的无形资产。当遇到问题时，就要懂得反求诸己，先做自我检讨，这样家庭才能变得和睦，人际关系才能变得和谐。那么当对方自我反省、倾诉自己过错的时候，作为聆听者，应该怎样做，才能既让对方有勇气认错，同时又能保全对方的面子呢？

我有一个长辈，现在已经往生了，他当时生意做得非常好。他跟我讲，他年轻的时候相信一件事情，就是要交际应酬，不然生意做不起来。所以他看到谁都喝酒，花很多时间在交际应酬上面，搞得很累。但是他觉得没有办法，身在商场身不由己，不这样不行，他没有错。后来他的女儿不幸出了车祸，可他在外面交际应酬都来不及回去救她，他就觉得很伤心，然后就跟自己讲，我从此不再交际应酬。他后面说的一段话很值得我们思考：他说没想到我不交际应酬，生意反而做得更好。听他说到这里，我不敢说话，因为我不是他，我没有权利说什么话。最后他终于说出他想说的话了。他说其实我今天想告诉你，就是我想喝酒，我才觉得应该交际，如果不想喝酒，就觉得不用交际，正当的来往照样可以把生意做好。我还是不说话，因为我不说话，他才会继续说。其实人很矛盾，你赞成他也不好，反对他也不好，我那时候才深深感觉到，**安静地听人家说话，是一门很好的艺术，这门艺术就叫作默**。默就是不开口说话，做一个好的聆听者。其实我们学西方的东西，一直在学这个，叫作好的聆听者，但是学归学，大家根本没有用上。想想看，牧师多辛苦，每个人来告解，他通通要听，听多了就很烦，可是那是他的职业，我就是从这里才觉悟到，**有时候听人家诉苦，也需要一种忍耐的习惯**。

聆听是一种关爱，也是一种习惯，作为父母，应当善于聆听孩子的心声，帮助孩子培养正直、平和、敢于认错的品格，同时也要让孩子养成善于聆听他人话语的好习惯。人们都希望自己的孩子听话、懂事、有责任感，但是应该怎样去培养孩子的责任感呢？

乐意分担责任也是一种习惯。所以在家里面，只要是亲人，就不要牵扯到钱财的交往。现在很多家长，很喜欢让小孩儿做家务，然后给他相应的零花钱，结果怎么样？那就没有亲情了。**我们分担家务，是责任，是亲情，是凭良心，也是求得好死**，这都连贯起来了。我们一定要明白，**无形的东西是比有形的东西更有力量的**。

我再举个例子给大家做参考。一个孩子生活在一个穷困家庭，他从小看到父母那么辛苦，就比较容易凭良心。他会告诉自己，父母那么辛苦地把我养大，我将来一定要好好做人，一定要比他们赚的钱多，让他们有一个好的晚年。这叫作反转的力量。就是这个反转的力量，使得这个穷困的家庭变得富有。相反地，如果这个孩子出生在一个富贵家庭，那就不一样了。他从小就感觉到生活很容易，张开嘴巴东西就来了。有的孩子到了考高中的时候，还一边看书，家长一边喂他吃饭，这样培养出来的孩子会凭良心吗？他会养成好习惯吗？他会想到父母的辛苦吗？他会想到长大以后，要怎样奋斗，来报答父母的恩情吗？不会。这也是一种反转的力量，就是使富贵变穷困的反转力量。这就是富不过三代的根本原因，这个原因就在这里，就在家里面，跟外面没有关系，是你自己造成的。

典型案例

冷女士前两天从邮局取回一个大包裹，同事们都以为是她老家寄来的什么稀罕的年货，谁知却是她在南方读书的儿子寄回的一大包脏衣服。冷女士的儿子在南方的某大学读书，没有独立生活经验的他面对换下来的脏衣服大感头疼。每学期，他都把从家里带去的干净衣服先穿一遍，然后再挑出相对干净点儿的衣服穿下一轮。实在找不出干净衣服了，就去洗衣店花钱洗。而每学期末，他都会把剩下的脏衣服拎回家洗。可这学期攒了太多的脏衣服，拎回家觉得麻烦，所以他就想了个“高招”——把脏衣服直接“打包”寄回家。

因此，你再有钱，也不能不让孩子体会一下穷困的滋味。这样大家才了解，为什么很多人很有钱，可还是会把孩子送到乡下，告诉他的朋友说："我家孩子到你这里住两个礼拜，你就照你们家的方式让他生活，我把钱给你，但是你不能把钱用在他的身上，你要把钱用在他的身上，我就找别人，这点我很坚持，希望你帮忙。"就是这个道理。**人没有经过困，德行是培养不起来的**。关于这点，《易经》里面讲得非常清楚。**没有经过困苦的人，是不会很踏实地过日子的**。家里面永远有一股潜在的反转的力量，这是无形的，但是力道非常强大，它可以反转成这样，也可以反转成那样，这叫**一阴一阳之谓道**。穷变富，富变穷，我们不能在这里循环往复，否则就没有家风了。

我们要把孩子当作家里面的一分子，否则的话，他跟路人有什么不同？如果你的孩子问你："爸爸，为什么别人可以我不可以？"我不知道你怎么回答，但我希望你告诉他，每一家是不一样的，我们的祖宗要我们这样做，我们是他们的子孙，我们应该这样做，至于别人家的事情，我们管不了，他们自己做主就好了。

为什么要一样？如果天底下每个人都一样，这个社会就大乱了。社会需要各色各样的人分工合作，才有办法和谐共存。老天要我们做不一样的人，不是要我们做同样的人。但很可惜，我们现在学校的教育，却是把每个人教成一模一样，这样大家都痛苦。我生来就不想读书，可你却勉强我读书，我成为一个很好的农夫，有什么不好？将来有一天，搞得我们的农村都没有了，那就糟糕了，难道我们的粮食通通要从国外进口？那是非常可怕的事情。我常常问人家，当你没有粮食吃的时候，电冰箱能吃吗？电脑能吃吗？那都是不能吃的，最后你还得乖乖地去吃米、吃面，要不然你就会饿死。

我们要知道，孩子既然生在我们家，他就是心甘情愿做我们家的人，他就要接受我们的家风。我们家传承什么样的家风，他就应该接受。这样他就知道了，别人家怎么样是别人家的事。

俗话说，穷人的孩子早当家。就孩子的成长而言，穷困反而能够激发孩子的责任感。有责任、有担当，是中国式家风的一种必要的体现，也是做人的一项最基本的要求。人的一生，无论做什么事情，其实都是在做人，那么做人最要紧的，又是什么呢？

做人最要紧的是将心比心。这种习惯是最要紧的。将心比心不是说我喜欢，你就得喜欢。有一次我在电视上看到一句话——己所欲，施于人，我真的觉得很惭愧。己所欲怎么可以施于人呢？有的人一辈子专门在传播一句话：好东西要跟好朋友分享。是真的吗？我们的圣贤是怎么说的？**己所不欲，勿施于人**。我们只能讲“己所不欲，勿施于人”，绝对不能讲“己所欲，施于人”，这完全是两码事。比如，我喜欢喝咖啡，我让你来陪我喝，你说你不能喝咖啡，因为你喝了会睡不着，我说这是习惯问题，喝两天就习惯了，这样做可以吗？我喜欢喝咖啡，你喝咖啡会睡不着，我为什么要勉强你呢？

智慧拓展

“己所不欲，勿施于人”出自《论语·卫灵公第十五》。子贡问曰：“有一言而可以终身行之者乎？”子曰：“其‘恕’乎！己所不欲，勿施于人。”意即，子贡问：“有一个可以终身奉行的字吗？”孔子说：“大概就是‘恕’字吧！自己所不想要的，不要加在别人身上。”现在有人主张“己所欲，施于人”，认为比“己所不欲，勿施于人”更加积极。实际上“己所不欲”是自己所能够直接认识的，而“己所不欲”，大抵也是他人所不欲的。但是“己所欲”，必须站在对方的立场来设想，不能以自己的所欲，便推定也是对方所欲，这一点实施起来十分困难。孔子的取舍，既实际又不会出差错。

我们先把“己所不欲，勿施于人”安放在自己心中，时刻提醒自己，务必将心比心，站在对方的立场设想。一定要等到自己的认知、判断、选择能力，增加到一定程度，才能够“己所欲，施于人”。以免造成困扰，好意反而变成坏事。

中国人说，我不喜欢的东西，我不敢给你，因为可能你也不喜欢；至于你喜欢什么，你自己来拿，我不勉强，也不反对。老实讲，喜欢不喜欢只有自己知道，别人不知道。他可以为了巴结你，为了讨好你，装得很喜欢，可他明明晚上回去会睡不着。他陪得你很高兴，这个罪他受了，这个果要谁去承受？当然是你承受。自作自受。

将心比心是说，我喜欢，你喜欢不喜欢我尊重你，但是我不喜欢，可能你也不会喜欢，可是如果你喜欢的话，我也尊重你。这样才对。这样我们才能够了解孔子为什么说“**无可无不可**”，天下没有什么可，也没有什么不可，因为每个人不一样，而且人，也会随着时空的变化而改变。

智慧拓展

“无可无不可”出自《论语·微子》，原文为：“我则异于是，是无可无不可。”是孔子在评论历史人物时说的一句话，意思是说：

我和他们不一样，没有什么可以，也没有什么不可以。无可无不可，并不是见风转舵，脚踏两只船。随时见利忘义，投机取巧，绝对不是孔子所愿意见到的行为。无可无不可，是应该可的时候，一定要可；不应该可的时候，一定要不可。是随机应变，而且务必合理。无可无不可，不是圆滑，更不是乡愿，应该是圆通，是高度的智慧和艺术。一般人看不懂，常常把它看成圆滑，以致自误又害人。

有一位老教授大家都很熟悉，叫钱穆。钱穆先生在国内的时候，你问他喝咖啡吗，他会说我不喝咖啡，我喝茶。可是他到美国以后，美国人问他你喝茶吗，他却说我不喝茶，我喝咖啡。有人听后吓了一跳，问怎么回事，他说，在中国茶好喝，我当然喝茶；到了美国，找不到好茶喝，那我就喝咖啡了。这才是有弹性的人。活人跟死人不同，就是活人有弹性，死人没有弹性，就是这个差别而已。当你搞得自己非怎么样不可的时候，就已经快完蛋了，因为那就表示你已经僵化了。这样大家才明白，为什么人家问你，你喜欢喝咖啡还是喜欢喝茶，你不会告诉他肯定的答案，因为你摸不清楚，到底是茶好还是咖啡好。你说随便，随便就是你凭良心，茶好给我茶，咖啡好给我咖啡。我喝着好，我觉得你就是凭良心；我喝着不好，我就瞪你一眼，表示你不凭良心。这才是标准的中国人。

中国人是最会做人的，他会提前打听你喜欢喝什么。如果你喜欢喝咖啡，他会打听你喜欢哪个牌子的咖啡，这就是诚意，哪里还需要问人家要不要。老实讲，在中国，一个有修养的人，你问他要不要，他肯定回答不要，他永远不会说要。像我们家，没有人敢问我爸爸要不要喝茶。我们问："爸爸，你要不要喝茶？"爸爸只是看看我们，他从来不会回答，他心里想你们问什么，有什么好问的，你们问就是逼我给你们难堪。我说不要，你就真的不给了，那你完全是虚无的，完全是做形式，那像一家人吗？我们大家都看到，爸爸的茶现在喝得差不多了，你现在有空，就去倒一杯，这就叫诚意。

将心比心，诚以待人，是一个人良好素质的体现，同时这也是一种无形的好习惯。曾仕强教授认为，培养好习惯，其实无形的更重要一些，这是为什么呢？

所以，其实无形的习惯比较重要。我们现在比较糟糕，就是因为我们受科学的影响，认为看得见的习惯最重要。其实看得见的东西都是空的，这样大家才知道，为什么说“**色即是空，空即是色**”。那个“色”就是物质，所有的物质都是虚假的，都不是真实的。很多人肯定质疑，那怎么会是虚假的，明明就是真的。所以那个“空”，就是我们不能掌握，无法管控的。

智慧拓展

“色即是空，空即是色”出自《般若波罗蜜多心经》。原文为：“观自在菩萨，行深般若波罗蜜多时，照见五蕴皆空，度一切苦厄。舍利子，色不异空，空不异色，色即是空，空即是色，受想行识，亦复如是。”这句话是佛家的重要思想。简单地说，“色”是指一切能见到或不能见到的事物现象，而这些现象是由因果产生；“空”是事物的本质，任何事物都是从无到有的。

所有的物质最后都会不见，都会变成能量，没有哪一种物质是持久的。比如桌子，能够几百年一直存在吗？大概没有那么久，它很快就会没了。**所有看得见的东西的寿命都很短，而看不见的东西的寿命却很长**。人活着最多一百多年，可人死了以后，没完没了，长长久久。这样大家才知道，为什么我们中国人是争后面那个千秋，而不争现在这个一时。现在受委屈，现在穷困，现在忍耐，有什么了不起？后面海阔天空比较重要。现在很神气，现在高人一等，现在再好，后面凄凄惨惨的，有什么用？

高人一等，其实是一种习惯。有的人一辈子烦恼，就是因为他老觉得自己高人一等，觉得自己跟别人就是不一样。那个东西你可以吃，我就是不能吃；这个地方太脏了，你们怎么坐得下去？有一些人有洁癖，有洁癖的人是很难结婚的，因为大部分人都怕他。人不能够不爱干净，但是过分爱干净的人，身体也不会健康，这就是止于至善的道理。头发不能不洗，可天天洗，头发也会抗议：你有完没完，天天找我麻烦，让我歇一下不行吗？

无形的习惯我们经常是不注意的。**我们现在讲习惯，一定要一阴一阳两边并重，先把无形的习惯养成，有形的习惯很快就会建立起来**。凭良心的人，他不会捣乱，不会在家里面乱吵乱闹，到外面也不会声音很大。老实讲，现在外国人对中国人很不耐烦，第一是因为我们声音太大，吵死了，到哪里吵到哪里，那么大声音干什么？第二就是中国人排队一定要跟你贴在一起，你贴在一起干什么？外国人最怕你碰他的身体，那是最不礼貌的，可中国人动不动就去扶人家，去扯人家，然后靠得紧紧的。你排队就排，靠那么紧干什么？但是外国人也不说出来，中国越强大他们越不敢说，那就只能靠我们自己反省了。你排队就排队，急有什么用？急，只能得高血压，只能让细胞死一大堆而已。所以，你不如悠闲一点儿，慢慢等。**等待也是一种习惯**。你没有等待的习惯的话，一生都会很急躁、很操劳，最后把自己搞得心情不平静，身体不健康，那没有好处。把无形的好习惯养成，它自然会带动有形的好习惯，这叫作**虚以控实**，也是老子所讲的“**有无相生**”。但是无是本，有是从无里面开发出来的。

典型案例

有一个笑话，说一位父亲要给自己的儿子娶媳妇，于是他去找比尔·盖茨，说我给你女儿找了个老公，是世界银行的副总裁；又找到世界银行的总裁，说我推荐一个副总裁给你，是比尔·盖茨的女婿。于是，这桩婚事就成了，生意也这样做成了。这位父亲深通老子的哲学，本来不存在的“无”都符合对象的预期，于是就产生了“有”。这就是“无中生有”的智慧。

第十一集　如何培养孩子的生活技能

——不想占小便宜，就不会吃亏

生　活

- “缘”是前世带来的，“分”是今生有没有机会相聚。
- 一个人最大的敌人就是自己。
- 只活动不运动。
- 只要你不想占小便宜，你就不会吃亏。
- 保障自己是最大的生活技能。

家庭教育所给予孩子的，并不是谋生用的职业技能，而是人生必不可缺少的生活技能，而现代人所缺少的，恰恰就是这种生活技能。那么生活技能都包括哪些方面？如果缺失生活技能，将给人们的生活带来怎样的影响？我们又应该如何培养孩子的生活技能呢？

第十一集　如何培养孩子的生活技能
——不想占小便宜，就不会吃亏

人活着就必须要生活，生活会有一套习惯，这个**习惯是由生活技能慢慢养成的**。我请问大家，拿筷子算不算技能？我相信很多人都认为拿筷子也算技能。现在很多小孩子都不会拿筷子，甚至到了大学还是不会，我们就觉得他的父母实在做得不好。走路，算不算生活技能？人实在很糟糕，因为眼睛长在前面，镜子摆在前面，就好像把人削成一半，只看到前面，后面完全看不到，我们很难有机会从背后看我们自己走路。我很遗憾地说，十个人中有七个走路是不成样子的。拿东西，算不算技能？察言观色，算不算技能？这样大家就清楚了，我们总觉得生活技能是我会刨木头，我会做一道菜，我会做什么，其实那些不叫生活技能，叫作职业技能。

生活技能是每一个人都要用的。“龙生龙，凤生凤，老鼠生儿打地洞”，这句话是什么意思？就是说父母怎么拿筷子，小孩儿就学着你的样子去拿筷子。因为**会成为一家人，就是有缘有分**。一般人都把“缘分”看成一样东西，实际上“缘”**是前世带来的**。我们都是第一次见面，可有的人你见到他就很想和他打招呼，有的人你连理都不想理，这就是以前所累积下来的缘，不是现在才发生的事情。有缘你自然会多看他几眼，多聊几句；没有缘你看一眼就算了。**“分”是今生有没有机会相聚**。很多人有缘，可就是没有分；还有很多人没有缘，可是最后却凑在了一起，就变成有分了。比如飞机失事的时候，所有人都往生了，就剩下一男一女，你说他们会怎么样？如果一段时间没有外界的增援，他们会怎么样？那时候没有分也变成有分了。

缘如果是今生的，拿什么造就人？有的孩子可以平安地长大；有的孩子是长不大的，只给你三个月的缘就走了；有的孩子跟你只有十五年的缘。现在越来越多的子女跟父母只有十五年的缘。为什么？因为他初中毕业就想：我要去美国读书，我不跟你们在一起了，咱们从此不再见面了。很多人没有想到这个事情。

所以，生活技能就是看缘深不深。父母这样拿筷子，孩子偏不这样拿，父母就要花点儿时间去研究研究是什么道理。因为小孩子有两种可能性，一种是到你们家来报恩的，一种是到你们家来报仇的。但是你很难知道谁是来报恩的，谁是来报仇的，因为缘是前世结下来的，你看不见，电脑上也查不出来。那怎么办？有人说我仔细观察。你有多大本事？小孩子是很灵光的，他绝不会一开始就表示我是来报仇的或我是来报恩的，只有大人才会如此。所以我们说大人直来直往，其实是不聪明的，你把你的企图心完全让人家知道，对你有什么好处？

老子告诉我们：“国之利器不可以示人。”我们国家研发了秘密武器，不会让别人知道，因为那是我们最后取胜的一个利器。可现在我们的武器还没有做好就展览，然后到处去飞行，到处去展示。你只要展示，人家就开始研究你的窍门在哪里，然后专门攻你的弱点，到时候你一旦出来，人家就把你打掉了。

智慧拓展

“国之利器不可以示人”出自《道德经》第三十六章，原文为：“鱼不可脱于渊，国之利器不可以示人。”“鱼不可脱于渊”，鱼是不能离开深水的，一离开深水就活不了。鱼在深水里自由自在，感觉不到深水的存在。而深水，也没有必要说自己怎么变幻莫测。

“国之利器不可以示人”，国家有比人家优越的武器，不可以展示给别人看。一展示给别人看，别人一定研发出更高级的武器对付你。当今各国恶性地发展军备，就是因为每个国家都拼命地想要展示。老子的这句话，是所有西方国家都应该反省的。

比如，有一次，美国的警察组团去拜访英国的警察。西方人很喜欢在电视上交流，于是电视台就做了转播。一边是美国警察，另一边是英国警察，双方开始交流。美国人比较喜欢先说话，英国人比较深沉稳重，他们就让美国警察先说话。美国警察就开始问英国警察：你们怎么可以不带枪呢？英国警察是从来不带枪的。英国的警察就回问美国警察一句：你们怎么老带枪呢？美国的警察说：我们如果不带枪，都要死在盗匪的手上。我们是为了防卫，不是为了杀人。而英国的警察说：我们如果带枪的话，就暴露了我们的武力，那些盗匪一定会提高他们军火的等级，我们最后会死得更惨。

双方讲的听起来都有道理，因为都是歪理、偏理。一个不带枪，一个带枪。那么，警察到底应不应该带枪呢？

如果带枪，会经常出现防卫过当；如果不带枪，就是想防卫过当，也无从做起。可是如果不带枪，真的很危险，尤其是警察在明处，盗匪在暗处，随时可以取人性命的时候。美国警察带枪，英国警察不带枪，最后都不敢单独行动。两个人一起出去，这边归我巡逻，那边归你巡逻，你保护我，我保护你，不然怎么办？这就是因为利器都已经展示出来了。

人们现在动不动就要透明化，就要展示给别人看。实际上，西方人现在之所以越来越搞不过东方人，就是因为只要一公开化，东方人一定占便宜，西方人一定吃亏。西方人个性比较直，说公开化就真的公开化，连还没有完成的都公开化。中国人则是，可以公开的，我就公开化，不能公开的，就是问我也不说，这样才能永远占上风。但是，西方人觉得东方人这样做不对，因为不透明化，于是他们就开始用这一点来攻击我们。

其实，老子的话并不是这样的意思。展示不展示，对老子来说都一样。他是说，国家应该有好的武器，国防是不可舍的，这叫作防人之心不可无。但是如果有了武器，就到处去逞强，到处去跟别人联合军演，无意中就会把某些数据展示给别人，最后一定倒霉。因为别人一定想尽办法超越我们，这叫自讨苦吃。而自讨苦吃又不能自得其乐，那又何必这么做呢？

人类越来越肤浅，而不是越来越有深度。因为特别是网上和短信中的信息，都是断章取义、片面的信息，根本统整不起来。这也是生活技能，影响着你怎样去研判一个人，判断他存心干什么。西方人喜欢研究人的行为，可是行为是可以造假的；我们中国人很重视人的动机，动机是看不见的。这样大家才知道，为什么我们对无形的东西特别感兴趣。但是如果你过分重视科学，就不会看到无形的部分。比如孩子出生了，你只会关注他健不健康，带他去做体格检查，测量身高、体重。

大家应该好好想一想，我们就拿这二三十年，你自己可以体会得到的事情举例，现在我们对健康越来越重视，对营养越来越不马虎，对于自己的身体状况越来越重视，但是癌症却越来越多，大家活得越来越不愉快，身体亚健康的很普遍。而且，很多疾病的发病都越来越低龄化，这不是很矛盾吗？可见，**有形的东西只报告一小部分而已，大部分还是靠无形的东西**。无形不神秘、不迷信，它实实在在在那里，只是我们没有去读老子的书，不知道有跟无是一样的。老子最高明的就是告诉我们，**有就是无，无就是有**。可是有些人用科学的思维来看就不能接受，质疑无怎么变有，有怎么变为无。老子说有跟无是同样的，只是我们给它取了不同的名字而已，我们把这个叫有，那个叫无，实际上它们是一样的。

老子在《道德经》第四十章告诉我们：天下万物生于有，有生于无。“有无互生”是老子重要的哲学思想，但是，这与一个人的生活技能，有什么关系呢？

西方人很羡慕我们，说你们中国人怎么那么早就懂这些事情，我们到现在还不懂呢，但是这跟生活技能有什么关系？当然有。**人最要紧的生活技能就是了解你自己的身体**。我要提醒各位，身体是最诚实的，它会把你的健康状况如实地表现给你，可惜你看不懂。要知道，所有的毛病都是你自己造成的，你要翘二郎腿就翘吧，后面的问题你自己负责。所以我们说**坐要坐得正，站要站得直**，听起来这是在要求你干什么，其实所有的要求都是为你的健康着想。

当你的身体感觉到舒适的时候，就说明它损坏得很严重。比如，有的人睡床要睡软的，而且睡硬的会觉得很不舒服。那就说明他已经养成坏习惯了。再比如，电视机装在客厅已经很麻烦了，你还装到卧室里面躺着看。这是害自己。我常常讲，**一个人最大的敌人就是自己**。把自己害得最惨的人绝对不是别人，一定是自己，因为你认为自己很聪明，认为自己什么都知道了，实际上却差得太远。现在的很多有钱人，最大的毛病就是没有老师，他们认为自己什么都懂，干吗还要听别人的，我讲给你听还差不多。于是，他们的反转就开始了，他们会倒退，判断力会变差，生活能力会减弱，会连自己有什么病都不知道。老实讲，**所有的一切都在你身上，都已经很齐全了，不用向外去找**。

智慧拓展

现如今生活水平提高，很多人为了追求舒适，都喜欢睡软床。可是，几乎很少有人知道，舒适的软床当中潜藏着什么样的危害。当人们长时间睡在软床上的时候，无论采用哪种睡姿，都会造成脊柱的不正常弯曲，轻者会发生人体正常生理曲线的变化，使其失去原有的健康人体美，重者还有可能形成偏肩、驼背等畸形形体，给人体的内脏器官造成一定的压力乃至损伤。

相对于成年人，过度柔软的床对处于生长发育期的青少年危害更为严重。因为青少年尚未发育成熟，骨骼中无机盐含量较少，而有机盐成分如骨胶元和骨黏蛋白的含量则较多，骨骼比较柔软，可塑性强。长期睡软床容易导致骨骼变形。据医学专家统计，长期睡软床的青少年中，患脊柱畸形的占60%以上，而长期睡硬板床的仅有5%左右。因此，对于青少年而言，尤其不应当贪图软床舒适，以睡硬板床为好。

我有个建议给大家做参考，我们的祖先有一个很高明的地方，叫作**只活动不运动**。大家想想看，我们历史上从来没有跑几千米、掷标枪之类的运动项目，那都是西方人发明出来的。现在的人很奇怪，花钱去健身房，在跑步机上跑步，感觉自己很先进，很爱护自己。太无知了！凡是运动必定有后遗症，叫作**运动伤害**。而活动是没有伤害的。所以我们常常说活动，很少说运动。我不反对咱们国家参加奥林匹克运动会，因为我们要国际化，我们要跟外国人多少有点儿来往，但是不要认为那就是好的。有些运动员打乒乓球打到最后，整个手指头都变形了。身体如实地告诉你，你得了什么毛病，将来会怎样，现在应该怎样及时地去调整、去补救，可是你却无视它。

智慧拓展

“运动”这个名词，包含了肌肉的收缩活动、心智的活动，以及竞赛或娱乐性质的身体活动。“伤害”则指的是，由于一次或多次的内发性或外加性作用力，对活体组织所造成的破坏结果。“运动伤害”的定义则在说明，凡是和运动有关而发生的一切伤害都可以列入运动伤害的范围。有关运动伤害的定义没有固定的叙述，不过从广义来说，运动伤害代表人体在各种不同的身体运动下，所产生的身体伤害。从狭义来说，运动伤害则专指因运动而产生的身体特殊伤害情形，以有别于日常生活中一般身体肢体的伤害。

有了机器人以后，人更危险了。为什么？因为如果有一天机器人反过来控制人类怎么办？现在的人还会扫地，以后的人是不会扫地的，因为都是机器人在扫，他们连怎么扫地都不知道。还有人在门窗上安个微型电脑，遇到风雪天，家里的门窗自动就关了，他就很放心，觉得他家很安全，可回到家才知道晚了。为什么？因为整个机械系统故障，机器人休假了。你有没有想过这些，我不知道。可是，当人类丧失了这些基本的生活技能以后，你再想回头，很难！

科学技术的高度发展，在给人们的生活带来很多便利的同时，也使人们丧失了许多基本的生活技能，这些生活技能的丧失，将会怎样影响人们的生活呢？

心算也是生活技能。有些中国人没有接受过正规的教育，可是他的心算很厉害。可你到国外去看，十张十块钱是多少钱他们都不知道。有人不相信，觉得那只是笑话，你自己亲自去看看就知道了。十张十块钱是多少钱，他们还要拿计算器来算，心算能力完全丧失了。

有了电话以后，我们就不会写信了，以后也没有书信了，连情书都找不到了，因为没有人写了。有了电脑以后，我们写东西就错字连篇。写书信的能力，写字的能力……这些都叫生活技能。走路不会走，穿衣不会穿。现在男人拿西装，十个中有八个是不会拿的，拿西装领子的方向都拿错了，还好意要帮人家脱衣服，搞得人家全身都很别扭，因为你不知道怎样去帮忙。你给人家夹东西吃，其实人家怕得要死。为什么？你专门给人家夹鱼背，而鱼背是最难吃的，你是好意还是坏心？

还有一个更重要的生活技能，也是大家现在更没有办法养成的，叫作**察言观色**。你一开口，爸爸已经不高兴了，可你还一直讲一直讲，最后他气得打你，你还问他为什么打你，那是你活该！我小的时候，哪里敢爸爸回来就跑过去抱他，我有这么笨吗？我是一听到爸爸回来，就赶快坐到书桌前，然后观察下，发现爸爸今天还挺开心的，就收起作业过去跟他聊天；如果爸爸的脸色不对，就赶快做作业。你说这个是投机取巧。我为什么投机取巧？就是尊重他，不想惹他生气。

我们小时候考试不及格是要挨打的，打到及格为止，考四十分打二十下。可有一次，全班都考不及格，这怎么办？回去挨打冤枉，但是又非挨打不可。那天很多人都挨打了，我就没有，因为我在路上就已经想好，我回去该怎么做。这就是生活技能。**保障自己是最大的生活技能**。所以，我那天回去，就主动跟我爸爸讲，今天学校好有趣，我爸爸问什么有趣。我说今天考试了，我爸爸说哪天不考试，我说可是全班都考不及格，我爸爸说怎么会有这种事，你乱讲。我说是真的，老师也觉得很奇怪，很少有的。于是我爸爸就问，那你考了多少分。我就把考卷拿给他看，结果我爸爸跟我妈妈讲了一句话，我一辈子不会忘记。他说我们儿子还不错，考了八十分呢。全班都不及格，我怎么可能考八十分？因为我考五十分，可全班都不及格，五十分就是八十分，我就不用挨打了。明哲保身不是生活技能吗？打了才说“冤枉”，那都是活该。**什么话都应该先讲，这才是最基本的生活技能**。

现在，我们都很急躁，而且很轻浮。比如，人家讲话，你安安静静地听不可以吗？“哎”“对”“嗯”……你老出这些声音干什么？好像你不出声音就不存在一样。可不存在又怎么样呢？**有时候人是要不存在才叫恭敬，才叫尊重别人**。这些到底是习惯还是技能？我认为是技能，因为它跟你的生活，你的升迁，甚至你家庭未来的发展都有很大关系。可惜学校没有教好，家长也不懂。家长为什么不懂？因为他们的时代使他们不懂，这叫作时代的悲剧，不是他们不好。

很多有钱人不知道自己有钱并不是因为自己有能耐，但是他的嘴巴会讲“我何德何能”，那都是虚的、假的。他应该在心里想我何德何能，我是生逢其时，我是得到了机会，不是我有本事，所以我现在有钱了，我要赶快提升我的能力才对。这样这个人的生活技能才能高人一等。

我有钱了，你有没有？然后声音就大了。说难听一点儿，就跟暴发户一样，到处惹人不高兴。我们一定要记住，**每一个人这辈子都是有起伏的，你下去的时候，你的遭遇就是你在没有下去时所种下的因**。讲到这里我一定要说明，**因果也是一种生活技能**。因果绝对不是迷信，它是科学。

典型案例

老邬前些年因城东老家折迁，一夜暴富。除了分到四套城东新区的房子，他还手握一笔可观的现金，于是他干脆过起了包租公的生活。面对突如其来的财富，老邬的心不平静了，不但不再安心本分地工作，还玩起了地下“六合彩”。他先是成为一名赌徒，可一直输；

为了捞回输掉的钱，他又转而成为“六合彩”庄家的报码员，从中抽头；可抽头的钱对赌博输掉的钱来说，只是九牛一毛，于是他为了翻身，自己坐庄，成立了非法“六合彩”团伙。结局不用说，老邬最终把自己送进了监狱。

我们今天能有这个地位，都是老天用来剥光一个人的。有的人，没有什么地位的时候，什么不好的事情都没做，可一旦有地位，就开始做不好的事情了。我们看过太多类似的案例，地位一提高，就开始觉得自己好像高人一等了。

杀价也是一种生活技能。我早年到莫斯科的时候，他们那里还很穷，当地人都拿鱼子酱出来，用手捧着卖。假定卖鱼子酱的人说一百个卢布一个，马上有人杀价，说五十卢布，结果那个卖鱼子酱的人吓了一跳，所有的鱼子酱都掉到地上摔破了。大家就开始猜，这是谁那么狠呢，杀得人家“血本无归”？其实大家不用猜，那一定是中国人。

中国有句俗话：德不配位，必有祸殃。一个人的地位越高，财富越多，对自己的品德修养和个人素质的要求就应该越高，这一方面需要良好的家教，一方面也需要自己的不断修炼。那么一个人的个人素质，是否也是一种生活技能呢？

大家知道全世界对中国人最大的希望是什么吗？就是当中国富有以后，他们希望中国人能够用心提升自己的素质，因为他们都很欢迎中国人。中国人有钱，他们当然欢迎，但是来了以后却让他们很头痛。中国人如果到哪里，哪里都是乱七八糟的话，怎么能得到人家的好感？这算不算生活技能呢？当然算生活技能。

中国人是见机行事。比如我们到国外，人家排队我们一定跟着排队，所以我常常问很多人你懂不懂排队，他说我当然懂，我问他那你为什么不排队，他说只要大家排我一定排。就这句话而已。大家排我一定排，你叫我一个人排，吃亏，我就不干了。怕吃亏，喜欢占小便宜，我们的根本就在这里，我们不在乎其他东西，其他东西都是枝枝节节，不要老在那里下功夫，没有用的。所以，我们从小要培养孩子，让孩子记住，**只要你不想占小便宜，你就不会吃亏。所有被骗的人都是喜欢占小便宜的**，不然怎么会被骗呢？

有一次，我到某个地方办点儿事，路上遇到一个人拿着一个钱包叫我，说这个钱包是我掉的。我一看那根本不是我的，就说那不是我的，就走了。过了一会儿又来了一个人，也拿着一个钱包，说这个钱包是我掉的，钱包里面有美钞、港币、人民币，我还说那不是我的，就走了。我回去跟朋友说起这件事，说怎么一路上碰到两个人都拿着钱包说是我的，他说幸好你没有认，如果你说是，那就上当了。所以，**吃亏上当只有一个原因，就是喜欢占小便宜**。

典型案例

本想帮人代还信用卡欠款，收取一定的手续费，却不料陷入对方精心设计的骗局。“我手上有一张信用卡马上到还款日期了，你能帮我还一下钱吗？”上午8时许，家住北仓街附近的张先生接到一个陌生人打来的电话，随后双方在电话中约定，张先生帮其临时垫付27000余元信用卡欠款，事成后对方支付张先生400元。两人见面后，对方主动提出来将信用卡存放在张先生这里，并留下了卡的密码以及联系电话，约定下午来取卡。张先生心想，卡和密码都在自己手中，而且能获取报酬，便答应帮对方还欠款。随后，张先生如约向对方卡内打入了27000余元。一切妥当后，张先生等待对方来取卡，然而左等右等不见人。意识到被骗后，张先生赶忙报警求助。

生活技能是非常根本的东西，但是基本条件是父母自己要懂。有的父母让孩子练钢琴，说要去练这个技艺。这根本不是生活技能。我一辈子都不会弹钢琴又怎么样？可是，我到哪里都要拿筷子，人家一看我拿筷子就知道我的家教怎么样。其实，如果再深一步讲，一个女孩子你看她拿筷子，就知道她将来会嫁到哪里去。

我们就是因为把我们的宝贝都当作迷信，最后才会失掉太多的东西。生活技能是我们每天生活中都要用到的，我们必须要自给自足。拥有生活技能，我们不需要人家帮助就能活下去。中国人是全世界最有这个本事的人。把中国人丢到全世界任何一个地方，我们都能活下来。可现在有些人到美国待了一年，回国后就这个不习惯，那个不适应，连吃饭都开始用刀叉了，这是非常糟糕的。

生活技能尽量不要借助外面的东西。老实讲，我们中国人多，你如果经营实业，就要照顾更多的人。你招一个工人来，就相当于养活了一个家庭。你现在把所有人都辞掉，搞几个机器人，就算赚再多的钱，能心安吗？我常常跟一些老板开玩笑，我说你再有钱，都是机器人干活，你这个老板当得有什么神气？你最起码找几个人来，就算生气也可以骂嘛。否则，面对这帮机器人，怎么骂？这叫生活技能。不要把职业技能当成生活技能。

第十二集　如何破解“富不过三代”的魔咒

——家族财富传承须靠家风

·德就是财。

·所有的事情都是周而复始，循环往复的。

·风水一定要轮流转，有时候过过穷日子，有时候过过富日子，有变化才有意思。

·法律管不了中国人，因为中国人是最守法的，他从来不违法，他只是喜欢动脑筋，做法律没有规定的事情。

·人，生不带来死不带走，但是你的德行会留下。

·钱要善用，取之于社会，用之于社会，但是当你用之于社会的时候，不要老想着我要赚回来，你要赚回来就不叫公益了。

中国人喜欢追求荣华富贵，却常常脱逃不了“富不过三代”的魔咒。为什么富贵人家最终总会败落下来？是否有破解“富不过三代”魔咒的方法？“积善之家，必有余庆；积不善之家，必有余殃”告诉了我们一个什么样的规律？而家风，对于一个家族的兴旺和没落，又有着哪些决定性的作用呢？

第十二集　如何破解“富不过三代”的魔咒

——家族财富传承须靠家风

我有一个朋友，他是不相信命运的，可偏偏他的好朋友很好心地跟他讲，说我会算命，我不要你钱，我给你算一个，于是他就听了。他的好朋友说，你会赚到四十亿，然后一无所有。他心里想，我能够赚到四十亿，这已经出乎我的意料了，至于后来能不能留下，会不会一无所有，这个就不必计较了。**很多人听话老喜欢听一半，总是对我有利的我就听，对我不利的我就忘记**。这件事后来有没有得到证实？我们把它讲完，各位就知道了。他真的赚了四十亿，然后真的在三年之内就破产了。于是他来找我，问我该怎么办。我说如果你还没破产以前就来找我，我有办法，可你破产了再来找我，我有什么办法？

“富不过三代”也是人讲的，你只听到“富”，可后面那个“不过三代”呢？你说不会这样的，然后就不去听它，最后果然就“富不过三代”。历史经常这样重演，我们把它叫作“富不过三代”的魔咒。这个魔咒如果破不了，你永远会这样。因为**所有的事情都是周而复始，循环往复的**。那怎么办呢？就是我刚才说的那句话，你要是在没有破产以前来找我，我一定有解；你等到破产以后再来找我，那就无解了。在没有“不过三代”之前，你破掉这个魔咒就有用；等“富不过三代”已经成为事实了，那你就认了吧，没办法了。

这位朋友就很好奇地问我，说反正过去就过去了，我们现在聊聊也无所谓，你到底有什么办法？我说这个办法十分简单，你的好朋友已经很清楚地告诉你了，就是你有一个最高限度——四十亿。他很“聪明”，我说完他就说他懂了。其实很多人都跟他差不多，总觉得自己很聪明。他说我赚到三十九亿就停下来，就不赚了，这个钱我就保住了。我说就凭你这句话我就知道你保不住，他问为什么，我说三十亿到四十亿，一秒钟就实现了，他一想，对呀。当然，一般人认为钱是一个一个进来的，那这个人一辈子也不会成为大富翁。能成为大富翁的人会怎样说呢？我根本不知道，也没有想到它就进来了。出去也是一样。他问我怎么办，我说**唯一的办法就是这边赚那边花，保持流通才叫通货**，这样你手里永远有四十亿，用完进来，就像积水库，几代都不会花完。他听完很兴奋，但是又很沮丧，说我早听就好了。

智慧拓展

通货是处于流通中的纸币、铸币、信用货币，这些现实货币的统称。泛指在流通领域中充当流通手段或支付手段的纸币、硬币、支票、银行本票等。主要指国家发行的法定货币。如人民币是中国的通货，美元是美国的通货，英镑是英国的通货等。通货能否保持稳定，取决于纸币发行的总量能否与流通中的货币实际需要量相适应。

我想，类似的事情，其实每一个人都会经历到。他是很幸运的，在几年之内就完成了一个世代的循环。有的人是隔代，有的人要三代，当然这个“三”是一二三的三。中国人讲三从来没有固定说就是三，它是好几代的意思。所以，今天我们谈的这个问题很简单，就是

我们只能延缓，只能拉长，无法断绝。你说我们家要世世代代永远保持这样，不可能！因为那不公平。**风水一定要轮流转，有时候过过穷日子，有时候过过富日子，有变化才有意思。**

我请问大家，中国人所追求的是什么？中国人所追求的不是完美，中国人没那么笨。八月十五的月亮是完美的，可第二天马上就缺了，那要完美干什么？**中国人求的是圆满。**什么叫圆满？用现代的科学语言说就叫平衡。那什么叫平衡？比如我们的身体，现在是平衡的，可过五分钟它就不平衡了，然后又平衡了，又不平衡了。你去量血压，现在很标准，可再过五分钟去量，发现又高了。**一切都没有静态的平衡，静态的平衡就是死亡，它永远是动态的平衡。**所以你的钱财要常常去调整，这样正可以呼应我讲过的那句话，**一个人要先学会怎么去花钱，才能放心地去进你的钱财。**我们要从小培养孩子正确的花钱的观念，他自然就会对进出做出很妥善的安排，有进有出，保持这个通道是畅通的。

在公司里面，其实最得老板信任、最得老板重视的人，并不是我们所以为的设计人员，而是管钱的人。管钱的人就好像身上的血液一样。大家想想看，身上的血太多，好不好？绝对不好，脑充血。身上的血少了，好不好？不好，脑贫血。身上的血不通，好不好？只要不通你就完了，今天我们管它叫血管阻塞。所以，钱如果周转不灵，就算你再有钱也会倒闭。用血液的观念，你就知道钱财该怎么处理了。**一切都应该让它活起来，不应该让它死掉。**

纵观中国历史，无论曾经如何显赫的家族，最终都会有破落的那一天。看着他起高楼，看着他楼塌了，这样的例子比比皆是。那么有没有什么办法，能够来破解这个“富不过三代”的魔咒呢？

这就涉及我们的道德观念跟西方的道德观念的差异，所以我们先从中西方道德观念的差异讲起，然后通过调整破除这个魔咒，应该是最有效的。

西方人服从法律，我们不是，我们是效仿先贤。我们没有叫你服从法律，当然也没有叫你不服从法律。我们只是认为，只要在中国稍微有些社会经验的人都知道，**法律是不够用的，法律管不了中国人，因为中国人是最守法的，他从来不违法，他只是喜欢动脑筋，做法律没有规定的事情**。这就够你忙的了。所以，我们今天讲创新，这是非常麻烦的事情。创新只能在局部进行，你在科技成品上面凭良心去创新，这个没有任何人会反对，但如果在整个社会讲创新，就会有人钻法律的漏洞。人家外国人钻法律漏洞，只是在边缘钻，中国人是跑到外面，然后再进来，再跑出去，历来是这样，这已经融入我们的血液了。

法律一定要有弹性，法律没有弹性谁都不敢执行。可法律一有弹性，问题就来了。所以打官司最怕碰到年轻的法官。如果碰到年纪大的法官，他知道以前判错了好多人，这次就从宽了，你就阿弥陀佛了。可遇到没有经验的法官，他就会跟你谈法律怎么样，那就糟糕了。

西方人是唯理是从，我们是唯道是从。理你怎么讲？公说公有理，婆说婆有理，永远有道理。比如，西方人听到一句话会根据这句话来判断是非，中国人没人敢。中国人听到一句话，先问谁说的，我们是根据谁说的来判断它的是非，否则你在中国社会如何生存？你不知道是谁说的怎么敢下定论？根本没有什么对与不对的问题，这已经是文化基因了，是民族心，是我们的生存之道，也是我们基本的生活技能。但是长期以来却被我们否定了，然后老生活在幻想当中，一直骂中国人，这有什么好骂的？

很多在国外有成就的中国人讲，我是到国外才有的成就。你在国外才有的成就？一句话讲完了，骗中国人比较难骗，骗外国人比较容易骗。你有本事回来骗自己人，试试看？**人要了解自己，不要欺骗自己**。你在国外，再怎么样，真的都过不了三代。在国外，比如你问你的儿子礼拜天要不要回来，大家团聚一下，吃吃饭，他怎么回答你？他跟你说“maybe”。你听了会怎么样？你不气死了？maybe，谁跟你maybe？跟外国人才是maybe。在国外，你再有权势也维持不了三代，因为你已经丧失掉你的一些基本原则了。

我今天非常明确地讲一句话，要破除这个魔咒，只有记住这句话，**生活方式可以改变，生活法则绝对不能有丝毫的改变**。生活法则是经，经是不能改的，叫经常。生活方式是不得已的，比如你到国外就得用刀叉。我们现在用刀叉，没有几个人是真会用的。西方人的叉子就是处理食物的一个平台，不是让你叉东西吃的。可我们都是用叉子来叉东西吃。如果你不了解这些，就不要说自己很了解西方人。你才去过几次？

西方人是个人本位，所以很多人就说，西方人是个人主义，我们是集体主义。中国人为什么是集体主义？日本人才是集体主义，西方人是个人主义，我们是看着办主义。我们一切都是看着办主义，该团结我们必须团结，该个人我们必须个人，这个叫作交互主义，因为我们受《易经》的影响非常之大。

西方人重视权利，我们今天也常常跟着说：不要忘记你的权利；

不要让你的权利睡着了；人民有知的权利……其实自己都不知道自己在说什么。中国人重视的不是权利。你有权利又怎么样？空的。我们讲权，下面一定要加上个限，**所有的权都是有限的**。在中国当老板最简单，该你做的事他偏不让你做，怎么样？他不让你做，就让别人做，你有什么办法？你的权限他整个剥光，一夜之间剥光，把你架空，你能依法告他？才怪呢。等到哪一天你到了他那个位置，你也会跟他一样。

我在英国的时候，发现有很多台商在那里，都当了小老板，而这些人我以前都认识，因为他们是我在台湾的一家大公司的同事。他们出去以后都独立了，自己当老板了，所以我就问他们，我说你们怎么派出来一个就自己搞公司，然后把东家都忘记了。他们怎么说？他们说我们当干部的时候，总觉得老板太小气，胸怀不够，不会用人，所以我们一有机会，就自己干了，自己当老板。他们说，因为你是熟人我们才跟你讲真话，这话我们跟别人都不能讲，我们觉得我们现在越来越像他了。我说没有错啊，你们不像他就活不了。所以，像这种事情，就是你没有将心比心。西方人是固定的，因为他依法，你是高阶就是高阶，你是中层就是中层，他是很清楚的。中国人哪里会这样？中国人开会通知你，你就是高阶；开会不通知你，你就不是高阶。中国人开会通知是算数的。

一个人处在不同的地位，就会产生不同的思维方式，所以人们常说，屁股决定脑袋，就是指地位决定思维方式。而“将心比心”，就是要求我们换位思考，而不是只站在自己的位置，强调个人的权利。但是，如果权利不是我们应该重视的，那我们应该重视的是什么呢？

我们重视的是责任。把这个搞清楚，你就能够按照中国人的方法去走。中国的小孩儿到了十八岁说我要独立，因为外国人都独立，我也要独立，爸妈你们不要管我了，可大早晨却管爸妈要钱。外国家庭是连钱都不给的，你有本事就一切独立！这都是事实。如果父母不给你钱，你还独立得起来？反正我不相信。你连学费都交不起。外国孩子能独立是因为认识贷款机构。我的孩子到美国读书的时候，是我带他去的。我去银行开户的时候他们就问我你要干吗，我说我替我的孩子开户，他问我要借多少钱，我说我不借钱，他说你不借钱开户干什么，我说我存款给他，他说他读书可以向政府贷款、申请奖学金，还要你管吗？**我们老是学人家对自己有利的部分，自己应该尽的责任却装作不知道**。

中西方道德观念的差异

中　国	西　方
效仿先贤（活的）	服从法律（死的）
唯道是从（人性）	唯理是从（理性）
人伦本位（荣辱与共、休戚相关）	个人本位（人际关系）
重视责任	重视权利（利害关系）
以天下为己任	不要让自己的权利睡着了

“富不过三代”只能延缓，不可能阻止，因为那是迟早的事，就算到百年也没用。一个百年是几代？二十年算一代，最多五代，所以五代同堂就没了。风水轮流转，总该轮到别人走一走，我们现在所能做的，就是当我们“富不过三代”之后，不要让第四代、第五代更辛苦。我们应该替他们留什么？**你所能留的就是两个字——积德**。所以，

每一代人不要把以前的积蓄在你这一代全部花光，要留点儿德给你的子孙，当“富不过三代”的时候，让他们还能够撑得下去，不会太辛苦，这是最好的办法。

人，生不带来死不带走，但是你的德行会留下。比如我们在路上看到一个小孩儿摔倒了，如果我们认识他的父亲、母亲，又觉得他父亲、母亲人很好，我们再怎么样也会帮他；可如果我们发现这个小孩儿的爸爸以前看到谁都要发火，神气得不得了，那我们最多简单地扶他起来，就不管了。这也是人之常情。这不叫差等的爱，这叫作伦理。

我们不可能以德报怨。有人说不是有以德报怨这句话吗？那是我们误读了《道德经》，《道德经》里的以德报怨是说，你事先用你的品德跟人家相处，就不会让人家怨恨你，你也不会去怨恨别人，就把怨用德事先预防掉、化掉了，而不是有了怨以后我再用德来报他，那算什么？一个前，一个后。没有怨恨以前，你做到让别人对你没有怨恨，这是积德；有了怨恨以后，你再用德来给那个人，就是没有是非观了，那对你好的人不是白搭了？

除了前面所讲的那些，我们一定要有一个心态，就是我们家能够传几代，其实我们也定不了，子孙有多少，谁都没有办法控制，那还去计较这些干什么？但是，“**积善之家，必有余庆**”，善就是德，积德的家庭，它一定有很多好的征兆，好的现象会发生；而“**积不善之家，必有余殃**”，积不善的家庭，也一定有不好的事情发生。如果你连这个都不相信，那就没有什么好相信的了。那就是街道上的红绿灯，不容你怀疑，叫作不证自明。世界上有很多东西是不需要证明的，就是不证自明。

第十二集　如何破解“富不过三代”的魔咒
——家族财富传承须靠家风

一个家族究竟是“积善之家”，还是“积不善之家”，正是由这个家族的家风所决定的，所以良好的家风，也是破解“富不过三代”魔咒的重要条件之一。那么我们应该怎样教育孩子，才能使良好的家风代代传下去呢？

我们要想把家风一代一代传下去，不能靠教训，也不能靠讲道理，而是有一些活动你要带自己的孩子去参加。如果不能带孩子去，你去了，那就相当于到你这一代为止，他一无所知。现在很多人不知道什么叫《道德经》，你问他什么叫《道德经》，他说我知道，那是道教拿来念经的。《道德经》跟道教有什么关系？还有人的回答更妙！他说我知道有《道德经》，但是我不能看，我说你怎么不能看，他说因为我信基督教，所以不能看《道德经》。这种回答更是奇怪！

人会富不过三代，就是满招损的结果。我懂了，我知道了，我已经这么了不起了，我们家的钱好几辈子都用不完，那就招损了。**钱要善用，取之于社会，用之于社会，但是当你用之于社会的时候，不要老想着我要赚回来，你要赚回来就不叫公益了**。可现在很多人不是这样。他到庙里头去拜，往功德箱里捐钱，看到自己捐的钱比别人多，人家捐十块他捐一百块，就跟佛祖说你要保佑我赚更多的钱，这种人拜是没有用的，只会惹得神佛生气。《易经》里面有这么一段话，说有钱人去拜是没有用的。没有钱的人去拜，说求求你保佑，感谢你保佑，其他什么也不敢讲。神佛就很有面子，他就保佑。可有钱人去就不一样，他会说你看我投了多少钱，你看到没有？看清楚了没有？别搞错了！神佛心里想，我还在乎你那些钱，你把我当贪官污吏了？然后就会修理你。

这方面的事例非常多，只是我们现在都认为这个是没有价值的，也不会讲给孩子听，宁可让孩子去读《伊索寓言》和《格林童话》。你准备把他变成什么样的人？一个人的童年没有中国味道，他将来长大会变成中国人吗？那你的钱都是白赚了。当然，我也不反对你把在中国赚的钱送到外国去。但是如果多数人都这样做的话，想想看，我们还有国家民族的观念吗？没有国家民族的观念，你就不需要做什么了，专心去做外国人好了。外国人没有这些观念，他们一切都听上帝的。我很坦白地讲，外国人很容易满足，所以他们的快乐其实都是很粗浅的快乐。

我到夏威夷的时候，觉得夏威夷的生活太好了，真想买一栋房子住在那里。但是，一个礼拜以后，我就打消了这个念头，因为我受不了了。人家外国人每天早上起来带个铲子，拎个水桶，带个席子，就到海滩上面去，挖一个洞，把自己埋起来。他可以三个小时不动，我都不知道他在干什么。而中国人则躲在椰子树底下看，看二三十分钟就想走了，这时候突然有一个椰子砰地掉下来，打到一个中国游客，中国游客看看也就算了，自认倒霉，走了。有一个外国律师过来对他说，你要告我们的政府，这是可以请求国家赔偿的。中国人说算了吧，外国律师说，你告，输了我不要你的钱；赢了，赔偿款我们一人一半。中国人一听这样，那就告。告的结果怎么样呢？你现在到夏威夷去看，夏威夷政府已经把所有的椰子树全砍光了，我让你下次还告！

我们把夏威夷叫檀香山，是因为那里有檀香木，可后来全部被砍光了，因为他们说有檀香木中国人就会来，我把檀香木砍光了看你们还来不来。我们都不知道这些前因后果。我有一个朋友，他整天待在家里，哪里也不敢去。我说你干吗，他说我一想起我以前的所作所为，就不敢出去。我说你做了什么坏事，他说说起来也不是坏事，就是好几个国家山上的树都是我砍光的，现在想起来我连饭都吃不下。

富不过三代，也是因果报应。善财还要流通，还要回馈，何况不义之财，那绝对留不了多久，来得快去得也快。这种钱要好好检讨一下。

罗浮山教育理念

曾仕强

我们在罗浮山办教育，而不只是办一所学校。办学校比较容易，办教育十分艰难。

教育是国家民族的根本大计，无论文化、政治、经济、军事、交通、生死，都和教育具有十分密切的关系。中华民族能够长久存在，中华文化能够历久常新，就是因为我们自古以来，便重视教育。从家庭开始，由胎教着手，一直到长大成人，接受学校教育、社会教育，无论衣、食、住、行、育、乐，都要活到老学到老。孔子被尊称为万世师表，便是纪念他终生为教育而奉献，提倡有教无类，把人之所以为人的仁，当做最高目标，诲人不倦，令人景仰钦敬。

仁的具体表现，在修己安人。先做好自己，再帮助他人。学校是培养君子的场所。全体师生共同努力，教学相长，努力成为君子。认认真真做人，实实在在做事。先把人做好，才能把事做好。说起来简单，做起来要时时用心，处处小心，丝毫不能马虎。

古聖先賢是我們共同學習的精神，大自然是我們共同學習的對象。人生於天地之間，成為大自然的一份子，當然要遵行自然規律，愛護自然環境，並且要善運用我們的創造力，來改善自然環境，使生活更有意義，活得更有價值。這是上天賦予人類的神聖責任。既生為人，便要勇於承擔，從小培養這種觀念，養成良好習慣，是我們對家長、全學的職責。

時代不斷進步，我們不能復古，以免落後。老祖宗留下來的智慧，是亘古不變的，不可以輕易拋棄，以免忘本。我們既不能中西配合，搞得四不像，也不行中學為體，西學為用，弄得內心充滿矛盾，却找不到問題出在哪裡：我們採取古為今用的策略，把易經、道德經和論語活用在現代生活，使人過着快樂自在的生活。保留古老的智慧，活用現代智識，是我們共同努力的目標。

要求同學背誦易經、道德經和論語，配合全學的記憶力良好，同時培養正確觀念，使腦筋清楚，能將之活應用，養成良好習慣，使身

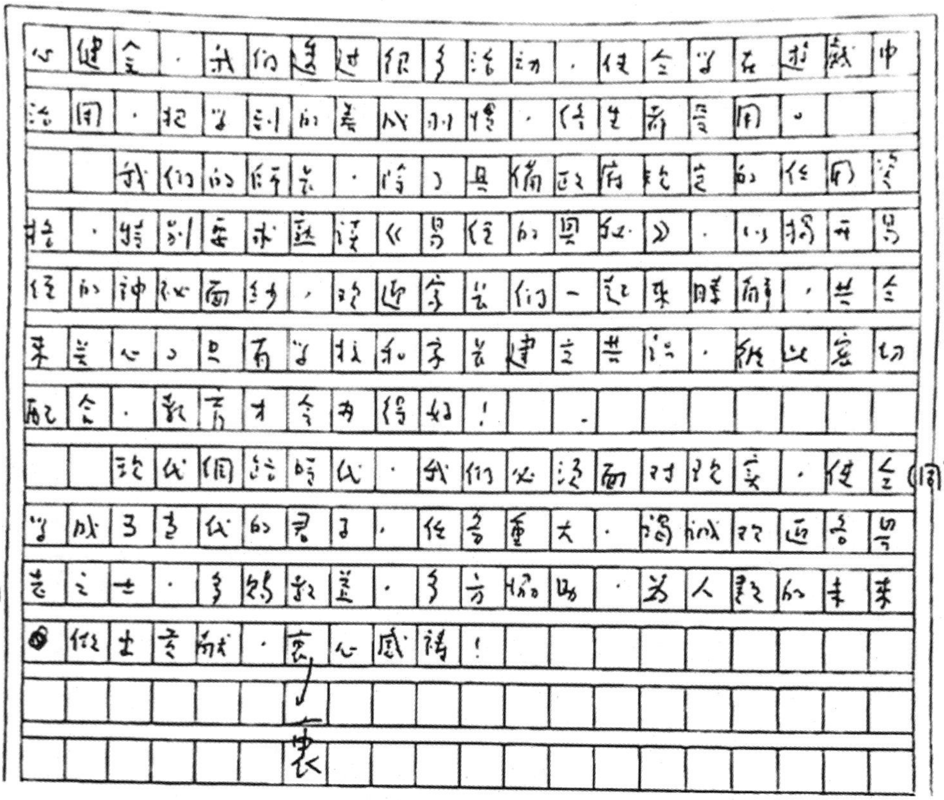
心健全。我们透过很多活动，使全学在游戏中活用，把学到的养成习惯，终生受用。

我们的师资，除了具备政府规定的任用资格，特别要求熟读《易经的奥秘》，以揭开易经的神秘面纱，欢迎家长们一起来瞭解，共同来关心。只有学校和家长建立共识，彼此密切配合，教育才会办得好！

现代网络时代，我们必须面对现实，使全同学成为当代的君子，任务重大。竭诚欢迎各界有志之士，多多指教，多方协助，为人类的未来做出贡献。衷心感谢！

2016年9月1日，尊敬的曾仕强教授在广东惠州罗浮山创建了罗浮山国学院附属学校。五年过去了，这所以探索中国式家风为目标的学校到底怎么样了呢？

扫码关注学校微信

电话：0752-6380290

曾仕强教授出版著作

序号	书 名	定价
1	中国式教养，中国父母家庭教养必修课	49.80
2	别让情绪拖累你的人生	2020年出版
3	中国人，你凭什么不自信	59.80
4	中国式家风	49.80
5	易经的奥秘3	64.00
6	易经的奥秘（完整版）（《易经的奥秘1》增补版）	64.00
7	易经的奥秘2	64.00
8	易经的智慧合集（精装典藏版）（全六册）	680.00
9	易经良基（共六册）	192.00
10	易经良基·中（共六册）	192.00
11	曾仕强详解道德经：道经	39.00
12	曾仕强详解道德经：德经	42.00
13	道德经的奥秘	36.00
14	长安家风	39.80
15	坤道——曾仕强教做出色的中国女人（新版）	45.00
16	论语的生活智慧(上下)（新版）	72.00
17	论语给少年的启示(上下)	58.00
18	论语给青年的启发(上下)	68.00
19	曾仕强点评三国之道：论三国智慧（上下）	86.00
20	胡雪岩的启示（全新版）	45.00
21	曾仕强评胡雪岩	29.80
22	中华文化自信	45.00
23	我是谁	58.00
24	诸葛亮的启示	42.00
25	财神文化	49.80
26	赢在职场：中国式职场修炼手册	49.80
27	道德经的玄妙	49.80